京都大学学術出版会

発生の数理

三浦 岳

京都大学学術出版会

まえがき

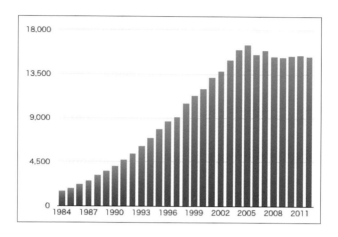

このグラフは，日本の分子生物学会の会員数の推移を表す．発生学を含む近年の生物学の爆発的進歩はおもに分子生物学が担っていたが，その対数増殖期は 2005 年で終わっていることがわかる[*1]．学生時代 NIFTY-Serve [*2] の生物学フォーラムで，この分子生物学の勢いはいつ終わるのでしょうか，と尋ねたところ，永遠に続きます，という趣旨の回答を先輩研究者諸氏からいただいたが，現実には十数年で頭打ちになっていることがわかる．自分の感覚としても，このあたりから急に外部からの頼まれ仕事が増えてきた．

発生現象の数理モデルを作って欲しい，という要請は増えたが，だんだん一人ではさばききれなくなってきた．このような場合，まずこの教科書を読んで勉強してください，というものがあれば良いのだが，残念ながら初学者向けの適当な書物がない．きちんとした学問分野には，分子生物学であれば Molecular Biology of the cell [1]，発生学なら Scott Gilbert の "Developmental Biology" [2] など，

[*1] 実際にはこの年に学会事務センターが破綻したりしているので，バイアスがかかっている可能性がある．

[*2] インターネット普及前のパソコン通信時代の掲示板．

標準的な教科書があるべきなのだが，このような発生の数理モデリングに関してはあまり推薦できるものが無い．無いなら書こう，ということで出来上がったのが本書である．大本は京都大学で行った講義の添付資料から，自分の最近の仕事を含めて少しずつ発展してきた．

生命現象を数学を用いて理解する方法論は最近になって急速に発展してきたように見えるが，生物以外の科学では普遍的に使われている．これまでこのやり方が生物学で発展してこなかった理由はいろいろ考えられるが，学問そのものが本質的に数学と関連がないはずがない，という仮定の元で今まで仕事をしてきた．真の価値が世間の評価より低い場合は明らかに投資のチャンスである．ありがたいことに，自分が研究者をしている間に世界が変わってくれた．現状でもまだきちんと現象からモデルを立てて，数値計算，数理解析までやって実験まで戻せる研究者は非常に少ない．本書がこの分野の参入障壁を減らして，研究者人口の増加に貢献できれば幸いである．

ソースコードの入手先

本書に出てくる *Mathematica* プログラムのソースコードはほぼ1ページに満たないので，一度自分の手で打ち込んでみることをお勧めする．必要な場合は九州大学大学院医学研究院　生体構造医学講座系統解剖学講座のホームページ (`http://www.anat1.med.kyushu-u.ac.jp`) からダウンロードしてほしい．

謝辞

本書は様々な方の助力によって完成しました．原稿を読んで，少しでもわかりやすいように改善案をいろいろ送っていただいた洛星高校生物部顧問北澤太郎先生，神戸大学の河瀬祥吾さん，東北大学の細谷友崇さん，大阪大学の藤本仰一さん，近藤滋先生，九州大学の今村寿子さん，佐々木大貴さん，京都大学学術出版会の皆さんに厚く御礼申し上げます．

目　次
Contents

第 1 章　生物の形づくりの数理モデルの歴史　　1
1.1　生物の形作りをどう理解するか 1
1.2　生物学の理論のあり方 2

第 2 章　*Mathematica* の基本的な使い方　　5
2.1　*Mathematica* とは 5
2.2　ノートブック形式 5
2.3　電卓としての使い方 6
2.4　変数の扱い 7
2.5　関数の書き方 7
2.6　行列の表し方 9
2.7　繰り返し演算（ループ） 11
2.8　結果の出力 12
2.9　方程式の解法 14

第 3 章　数学的な道具　　17
3.1　はじめに 17
3.2　行列とベクトル 17
3.3　フーリエ変換 18
3.4　級数展開 21
3.5　オイラーの法則 23
3.6　偏微分 26
3.7　畳み込み積分 28

第 4 章　モルフォゲン の濃度勾配　　35
4.1　モルフォゲンの濃度勾配によるパターン形成 35
4.2　*Mathematica* による定式化 36
4.3　ソース-シンク・モデルとスケール不変性 43

4.4	SDD モデル (Source-Diffusion-Degradation model)	49
4.5	数値誤差と陰解法	54
4.6	応用例：遺伝子量に対する濃度勾配のロバストネス	64
4.7	チューリング vs. ウォルパート - 自発的パターン形成と濃度勾配モデル	74

第 5 章　拡散を測る　75

5.1	細胞間のシグナル伝達	75
5.2	直接計測	77
5.3	FRAP(蛍光褪色後回復法)	79
5.4	FCS(蛍光相関分光法)	82
5.5	おわりに	88

第 6 章　軟骨形成とチューリングパターン　91

6.1	肢芽の発生	91
6.2	チューリングパターンとは	93
6.3	$Mathematica$ によるチューリングパターンの数値計算 . . .	100
6.4	なぜパターンができるのか？ - 線形安定性解析	105
6.5	領域成長（Domain growth）.	123
6.6	二次元パターン：陰解法の効果	127
6.7	パターンの出現速度：線形安定性解析	134
6.8	縞模様か水玉模様か？ 系の反転対称性	137
6.9	終わりに - 肢芽発生の現代的なモデリング	141

第 7 章　創傷治癒　143

7.1	創傷治癒と細胞集団運動	143
7.2	古典的モデル：進行波解	144
7.3	細胞個々の挙動：バネ質点モデル	149
7.4	おわりに	156

第 8 章　枝分かれ構造形成　157

8.1	生物，無生物の枝分かれ構造形成	157
8.2	拡散律速凝集	158
8.3	Phase Field 法による枝分かれ構造形成の実装	161
8.4	枝分かれ構造形成のモデル	170
8.5	ルールベースの枝分かれ形成：L システム	173
8.6	おわりに	175

第 9 章 頭蓋骨縫合線の湾曲構造形成　　177

9.1	頭蓋骨縫合線の発生	177
9.2	現象の定式化	178
9.3	数値計算	179
9.4	なぜ未分化な領域が保存されるか？- 一次元の例	181
9.5	二次元での数値計算	185
9.6	おわりに	188

第 10 章 座屈現象　　189

10.1	はじめに	189
10.2	座屈現象の数値計算 1	190
10.3	基礎方程式の導出：直接相互作用から	197
10.4	基礎方程式の導出：エネルギーを経由する場合	199
10.5	座屈現象の数値計算 2	201
10.6	線形安定性解析	203

あとがきにかえて — 粒子多体系　　205

現象との対応の価値	205
Swarm oscillators	206
大脳皮質のエレベーター運動	209

参考文献　　213

索引　　218

第1章
生物の形づくりの数理モデルの歴史

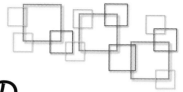

1.1 生物の形作りをどう理解するか

　　動物，植物を問わず，生物は様々な形をしている．なぜこのような形ができるのか，その成り立ちを研究するのが発生生物学という学問である [2][3]．一個のただの球形である受精卵から複雑多様な生き物の形が作られていく過程は神秘的で，周辺分野を含めた多くの研究者を魅了してきた．

　元々の学問の歴史は古く，現象の記載自体は 2000 年以上前のアリストテレスの「動物誌」までさかのぼることができる．発生生物学は幸運な学問で，前世紀に 3 回のブームを体験してきた．一度目はヘッケル (Ernst Haeckel)，フォンベーア (von Baer) らによる進化との関連によるブームである．この流れは今でも Evo-Devo というキーワードのもと活発に研究が進められている．二度目のブームは，シュペーマン (Spemann)，マンゴールド (Mangold) らによる移植実験を中心とした実験発生学で，隣接した組織が特定の組織の分化を決定する「誘導」という重要な概念を生み出している．3 番目のブームが分子遺伝学のツールの導入によってもたらされたいわゆる Developmental Biology で，ショウジョウバエ (*Drosophila*) での形態を決める転写因子群の発見，遺伝子改変マウスの作成技術の確立など，のちにノーベル賞を受賞する一群の仕事が行われ，発生に関与する多くの遺伝子群の情報をもたらしてくれた．

　しかし，このいわゆる Developmental Biology も，2000 年を超えたころか

ら「中年期に入った」と囁かれるようになってきた [4]. 様々な発生現象に関与する遺伝子群のリストは出そろってきたものの，ではそれらがどのように相互作用して実際の形ができてくるのか，その根源的なところは，遺伝子の情報を積み上げるだけでは結局わからないのではないか，という疑問から，分野全体に閉塞感が生じてきている．

では，将来の発生学研究はどのようになされるべきなのだろうか？この教科書を通じて私が記述するのは，とりあえず式ぐらい立てましょう，というごく控えめな主張である．分子と現象を対応させて，この分子はこの現象に key/ essential / important です，というような自然言語のみの主張ではやはりできる事が限られている．物理，化学のような通常の「科学」と同様の，数学による基礎付けが必要である．現象の本質を抜き出して定式化することをモデリングと呼ぶ．

分子生物学は 1950 年代に誕生し，「誰でもできる」という特性から爆発的に発展してきた．ヒトゲノムプロジェクトの終了により，ヒトの遺伝子の総数は 2 万個強である事が明らかになった．個々の自然現象に関して，このうちどの遺伝子が主に関わっているのかを調べ上げるだけで膨大な情報量となる．このような膨大な情報から何かを「理解」するにはどうしたら良いのだろうか？

1.2 生物学の理論のあり方

現状では，生物の形づくりの分野には，物理学で確立されているような基礎方程式は存在しない．個々の現象に対して現象論的方程式を立て，その数値計算（コンピュータによるシミュレーション）や数理解析（数学的な操作による理解）を個別に行う，という研究スタイルになる．これらの現象論的方程式は数理的に古くから知られているものもあれば，生物学からの要請から全く新しく作らなければいけない場合もある．どちらにせよ，割と小規模のモデル系をいろいろな種類を作って試す，という事が必要になる．よく知られた基礎方程式があって，解析的にはどうしても解けないので大規模な数値計算で計算機パワーを突っ込んで解の挙動を理解する，という物理学のようなアプローチをとるには，生物学のモデルはまだ脆弱である．

このような状況下では，生命現象の理論の定式化は，scrap and build をできるだけ効率よく数をこなす，という作業が必要になる．このような工業製品のプロトタイプのようなものを作るには，*Mathematica* という言語は非常に便利である．数値計算自体はそれほど速くないが，丸め誤差が通常の計算機言語を使うのに比べてかなり小さい．数学関数が豊富に揃っているので，ほとんどの場合ソースコードが 1 ページ以下で書けてしまう．数値計算の可視化のための関数も充実している．さらに，もともとが数式処理言語であるため，方程式の数理解析はお手の物である．これらすべてが Notebook 形式で論文のような形でまとめることができるので，研究用に作ったプログラムを教育用に転用する事が非常に容易である．この書籍ではこの利点をフル活用したスタイルを取っている．

昨今の生物学のモデリングの流儀として，まずすべての情報を書き出して複雑なネットワーク構造の図を描き，そのフルモデルで数値計算を行い，パラメータフィットをして挙動を再現する，というような型がある．しかし，この本では，意図的にそのようなやり方を取らない．外野から見ているとこのやり方では，情報を大量に集めて定式化したところで息切れして，数値計算をして終わり，ということが多く，真の意味での理解になかなかたどり着いていないことが多いからである．従って，本書では実験，定式化（モデリング），数値計算，数理解析がすべて揃ったテーマのセットを提示するやり方をしている．本書では，まず対象となる生命現象を説明し，次にその現象をどのように定式化するかを詳しく説明する．さらに，そのモデルの数値計算を行い，その系のダイナミクスを直感的につかんでから，最後に支配方程式の数理解析を行う，という構成になっている．

本書は，数値計算もそこそこ記述しては居るが，どちらかというと数理解析の方に比重が置かれている．これは，初めて接する人に抵抗がない形式，という事で選んでいる．初学者にいきなり C やら Fortran やらの文法を覚えさせようとしてもそれだけで息切れしてしまう．しかし，学部学生にまず *Mathematica* を渡して数式処理をやらせてみると例外なく感動して，ある程度までは勝手に進んでくれる．すべての人が慣れ親しんでいる「数学」が，人間の頭の外で出来てしまう！というのは非常に新鮮な体験であるらしい．私も中学生時代，Newton という雑誌で *Mathematica* の広告を見たとき，計算機の未来を見た気がした．要

は，生物学者であっても，専門分化する前にうまく導入をしてやれば，この程度の数理的な道具は使いこなせるようになるのではないか．

本書のような内容の話を一昔前に生物系の学会ですると，「私は数学はわかりませんから...」と引かれて終わり，ということが多かった．しかし，学部学生レベルに話をすると割と普通に通じる．従って，大学院教育の間になにか良くないことが起こっているらしい．うまく修正したら，このような技術を持つ研究者は簡単に多数派に出来るのではないか，と思う．また，学部によっても反応に差がある．医学部の学生は，数学に負けた経験がない人がほとんどなので，この手の話をしてもほとんど抵抗がない，うまく持っていくとかなりのスピードで最前線までやってきてくれる．

この本では，生命のかたちづくりの様々な現象に関して，その現象の本質は何かを考えるためのモデルのプロトタイプをできるだけ詰め込んだ．この本のモデルを踏み台にして，更に詳細なモデルの構築に向かうか，それとも現象のデッサンのようなモデルを他の現象に応用していくか，展開のさせ方は読者の指向によって分かれるであろう．発生現象を定式化するとどのような視野が開けるのか，当書を通じて手軽に実感していただければ幸いである．

第2章
Mathematicaの基本的な使い方

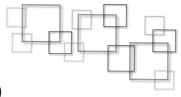

2.1 Mathematicaとは

　Mathematicaは，Steven Wolframという人が開発した数式処理言語である．どちらかと言うと数式処理（方程式を解くとか）が得意で，数値計算はそれほど速くはないが，スキームを工夫すれば実用上は十分な速さとなる事が多い．

　ここでは，この本を読み進めるのに最低限必要となる「道具」としてのMathematicaの使用法を解説する．また，Mathematicaには詳細なヘルプ機能がついているため，未知の関数にであったときはメニューから「ヘルプ」を選んで解説を見ることができる．

2.2 ノートブック形式

　いま読者が読んでいるファイルは，Mathematicaのノートブック形式で書かれた．これは，端的に言うと，ものすごくたくさん注釈のついたソースコードのようなものである．通常のプログラミング言語では，注釈の部分は行頭に"%"をつける，などの文法で区別するが，Mathematicaの場合，テキストの各部分に属性をつけて区別する．たとえば，このテキストにカーソルをあわせた状態でメニューから書式＞スタイルを選択すると，「Text」という単語にチェックがついている．これは今読んでいる部分は「text」であると言うことを意味しており，プログラムの実行時には単に無視される．

スタイルの中の「Input」というのがプログラム部分に相当する．たとえば，下の段落にカーソルを置いては上述のような操作をすると，*Mathematica* の中で実際の計算が行われて，結果が表示される．

```
In[1]:=  3 + 5
Out[1]=  8
```

2.3　電卓としての使い方

Mathematica のアイコンをダブルクリックするとプログラムが立ち上がって，ウインドウが開く．*Mathematica* では，これらのウインドウのことをノートブックと呼ぶ（拡張子 .nb）．まず，簡単な計算をさせてみよう．

キーボードから「1+1」と入力して，shift + return キーを押す（注：リターンのみでは改行されるだけで，何も起こらない．）しばらく経ってからノートブックの中で，下のように表示される．

```
In[2]:=  1 + 1
Out[2]=  2
```

このように *Mathematica* では，数式を入力して shift + return キーを押すと，その数式をもっとも簡単な形になおして表示する，という操作が行われる．これを *Mathematica* では「評価する」という言い方をする．入力した文字列の前には In[...] =，計算結果には Out[..] = という文字列が付く．

四則演算は，*Mathematica* でも普通のプログラミング言語と同様で，乗算 (*)，除算 (/)，加算 (+)，減算 (-) を用いるが，乗算に関しては通常の数学の表記法と同様に，間にスペースを入れただけのものは乗算として扱われる．ただし，最近のバージョンでは，スペースを挿入すると自動的に間に × を挿入してくれる．

```
In[3]:= 7 * 9
Out[3]= 63
In[4]:= 7 × 9
Out[4]= 63
```

は大文字の `I`，π は `Pi`（もしくはパレット入力で π を入力する），自然対数は `Exp[]` で表す．

```
In[5]:= (4 + 3 I) * (2 + 3 I)
Out[5]= -1 + 18 i
```

2.4 変数の扱い

変数 とは，数学の定義と同様で，ある値を持つ数に名前を付けたものをいう．変数の値を定義するには，"="を使う．まず，変数 x に値を代入してみる．

```
In[6]:= x = 55 * 64
Out[6]= 3520
```

次に，x の値を表示させてみる．これは，単純に"x"とタイプして Shift-Return を押す．

```
In[7]:= x
Out[7]= 3520
```

計算した後の値が x に代入されているのがわかる．

2.5 関数の書き方

今後，プログラムを作る上で把握しておかなくてはならないのは，関数という概念である．これは，高校の数学で出て来たものと一緒で，ある数値（引数（ひきすう）と呼ばれる）を別の数値に置き換えるルールである．ただし，一般的な数

2.5 関数の書き方

学の書き方とは多少異なった表記をする．

たとえば，
$$f(x) = 2x + 3 \tag{2.1}$$

という関数は，

```
In[8]:= f[x_] := 2 x + 3
```

という書き方をする．この中に実際に数値を代入すると，計算された値が返ってってくる．

```
In[9]:= f[5]
Out[9]= 13
```

通常の数学の書き方と，いくつか違いがある．

2.5.1 関数の引数は，() ではなく [] で囲む

$Mathematica$ では，関数の引数は [] で囲む．() は，計算の順序を変化させるときのみに用いる（例えば，$(1+5)*6$ など）．このような書き方をしているのは，$f(x+a)$ が，$x+a$ という引数をもった関数なのか，$f*(x+a)$ なのか，区別をつけるためである．

2.5.2 関数の定義の時は，= ではなく，:= を用いる

:= は，$Mathematica$ ではSetDelayed（遅延評価）と呼ばれていて，関数を定義した時点で計算するのではなく，関数に引数が代入されて初めて計算を行う．それに対して，= は Set と呼ばれ，その時点で計算が行われてしまう．ここでは「関数の定義は:=で行う」と単純に覚えておいてほぼ問題ない．

2.5.3 システムの組み込み関数は大文字，自作の関数は小文字ではじめる．

今後作る $Mathematica$ のプログラムは，まず色々な関数を作成して，それを組み合わせて実際の演算を行う，というスタイルで行う．その際，システムで最初

から用意されている関数は大文字で始めるというルールがある．したがって，自分で作る関数は小文字から始める，と定めておけば，システムで定義されている関数と干渉して不具合が生じる事が原則として防げる．

2.6 行列の表し方

今後行う数値計算では，本来連続な空間や時間を細かく区切って，それぞれに個別に値を割り当てて計算を行う．従って，巨大な行列を扱うことが必要になるが，$Mathematica$ では行列を List という形で扱う．これは，

$$\{1, 2, 3, 4, 5, 6\} \tag{2.2}$$

のように，複数の数値をコンマで区切って並べたものを {} でかこった形になっている．これが 2 次元 (たとえば，3x4 行列) になると

$$\{\{1, 2, 3, 4\}, \{4, 5, 6, 7\}, \{7, 8, 9, 10\}\} \tag{2.3}$$

のように，{} の中にさらに {} を入れた形で扱う．

行列は，変数に代入することもできる．

```
In[24]:= y = {1, 2, 3, 4}
Out[24]= {1, 2, 3, 4}
```

上で扱った関数は，ほとんどの場合リストにもそのまま適用できる．他の言語のように for ループなどを用いる必要がない．

```
In[25]:= f[x_] := 2 x + 1
In[26]:= f[y]
Out[26]= {3, 5, 7, 9}
```

また，リストの数値を左，右に一つずつずらす，という操作は，それぞれ RotateLeft[]，RotateRight[] という関数で行うことができる．

2.6 行列の表し方

```
In[27]:= RotateLeft[y]
Out[27]= {2, 3, 4, 1}

In[28]:= RotateRight[y]
Out[28]= {4, 1, 2, 3}
```

また，巨大なリストを作るときに，手でいちいち入力していては面倒なので，`Table[]` という関数で一括して一定のルールに則った数のリストを作ることができる．

- `Table[` 作る要素の値を表す式，　変数の名前，変数の最初の値，変数の最後の値，変数の一回ごとの値の変化 `]`

という書き方をする．このうち，変数の一回ごとの値の変化は省略することができる（その場合，刻み幅は 1 となる．）．たとえば，1 から 40 までの偶数の数列を作りたい場合，以下のようにする．

```
In[29]:= Table[2 x, {x, 1, 20, 1}]
Out[29]= {2, 4, 6, 8, 10, 12, 14, 16, 18, 20,
         22, 24, 26, 28, 30, 32, 34, 36, 38, 40}
```

結果の出力が長く，いちいち表示させたくないときは，最後に ; を付ける．たとえば，a という名前のリストを作るとき，最後に ";" を付けることによって出力を抑えることができる．まず，a という変数に 1 から 50 までの値を代入する．普通に書くと，代入された値がそのまますぐ後に出力される．

```
In[30]:= a = Table[x, {x, 1, 50}]
Out[30]= {1, 2, 3, 4, 5, 6, 7, 8, 9, 10, 11, 12, 13, 14,
         15, 16, 17, 18, 19, 20, 21, 22, 23, 24, 25, 26,
         27, 28, 29, 30, 31, 32, 33, 34, 35, 36, 37, 38,
         39, 40, 41, 42, 43, 44, 45, 46, 47, 48, 49, 50}
```

この出力を抑えたい場合，最後に ; をつける．

```
In[31]:= a = Table[x, {x, 1, 50}];
```

リストの中の要素を取り出すときは，[[ ]] という，二重の角括弧を使う．たとえば

```
In[32]:= a = {1, 2, 3, 4, 5, 6, 7, 8, 9, 10, 11, 12}
Out[32]= {1, 2, 3, 4, 5, 6, 7, 8, 9, 10, 11, 12}
```

このなかの 3 番目の要素だけ取り出したいときは，以下のように書く．

```
In[33]:= a[[3]]
Out[33]= 3
```

行列から取り出す範囲を指定したいときは，;; を使う．たとえば，行列の 3 番目から 5 番目までを取り出すときは以下のように書く．

```
In[34]:= a[[3 ;; 5]]
Out[34]= {3, 4, 5}
```

負の整数を用いると，後ろから数えた要素を抽出することができる．

```
In[35]:= a[[-1]]
Out[35]= 12
```

2.7 繰り返し演算（ループ）

以下で行う数値計算では，同じ関数をある行列に何回も当てはめる，というような，繰り返しの演算が良く登場する．これを行うための関数として Nest[]，NestList[] という関数がある．使い方は

- Nest[変数を代入する関数の名前，最初に代入する変数の名前，繰り返しの回数]
- NestList[変数を代入する関数の名前，最初に代入する変数の名前，繰り返しの回数]

となる．

Nest[] は，繰り返し計算した最後の結果のみを返すが，NestList[] は，繰り返し計算した途中の値をすべて行列として返す．

別の言葉を使うと，

- Nest[f,x,5] は f[f[f[f[f[5]]]]]
- NestList[d,x,5] は f[x],f[f[x]],f[f[f[x]]], f[f[f[f[x]]]], f[f[f[f[f[x]]]]]

を表す．つまり

```
In[36]:= f[x_] := x - 1

In[37]:= y = {1, 2, 3, 4}
Out[37]= {1, 2, 3, 4}

In[38]:= f[y]
Out[38]= {0, 1, 2, 3}

In[39]:= Nest[f, y, 2]
Out[39]= {-1, 0, 1, 2}

In[40]:= NestList[f, y, 2]
Out[40]= {{1, 2, 3, 4}, {0, 1, 2, 3}, {-1, 0, 1, 2}}
```

となる．

2.8 結果の出力

Mathematica を用いるメリットの一つは，計算結果を非常に簡単に可視化できることにある．ここでは，上で述べたリストを可視化する ListPlot[] という関数を紹介する．

- ListPlot[リスト，オプション]

という使い方をする．通常のグラフ描画と異なる表現をしたい場合はオプションを指定する．例えば

```
In[41]:= a = Table[Sin[x] , {x, 0, 2π, 0.3}];
```

として，三角関数を値に持つリストを作っておいてこの関数を使うと

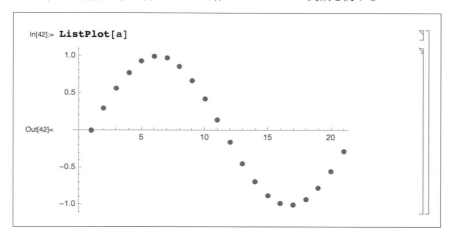

のように，結果がグラフで表示される．通常は，指定がない場合，*Mathematica* は最適と思われる条件を探してプロットを作製する．例えば，縦軸の範囲をもう少し広くとりたい，等，ユーザー側で何か描画を変更したい場合はオプションで指定する．例えば点同士を繋ぎたいときは，

    Joined − > True

というオプションをリストの後に入れる．

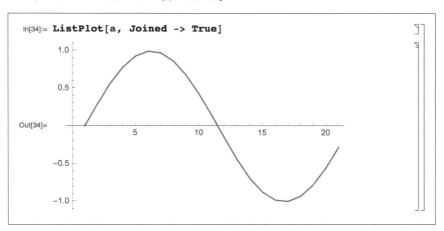

さらに，結果が二次元の行列の場合，`ListDensityPlot[]` という関数を使って `A[[x,y]]` の空間分布を表示する事もできる．

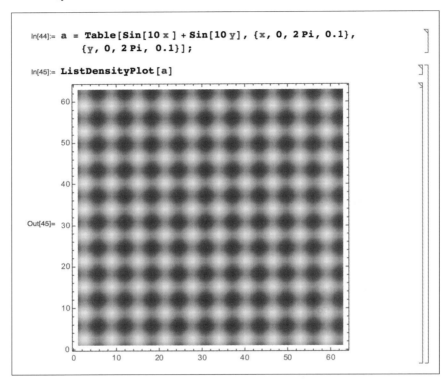

また，結果が時系列の場合，まず画像のリストを作って，それらをムービーとして表示する，というやり方がある．以前の *Mathematica* のバージョンでは，プロットのリストを作れば自動的にムービーになったのだが，いまはプロットのリストを `Manipulate[]` コマンドで動かさなくてはいけない．

2.9 方程式の解法

　Mathematica は本来数理解析を自動的に行うソフトとして開発されたので，数式処理は非常に得意である．

　まずあらかじめ，数式処理で使う変数に関して，`Clear[]` 関数を使って中の値を消去する．

第 2 章 Mathematica の基本的な使い方

```
In[47]:= Clear[a, b, c, x]
```

次に，二次方程式を Solve[] 関数で解いてみる．ここで，ax^2 は $a*x^2$ を表す．

```
In[48]:= Solve[a x^2 + b x + c == 0, x]
```
$$\text{Out[48]}= \left\{\left\{x \to \frac{-b - \sqrt{b^2 - 4ac}}{2a}\right\}, \left\{x \to \frac{-b + \sqrt{b^2 - 4ac}}{2a}\right\}\right\}$$

さらに，微分演算をさせてみる．D[] は微分（正確には偏微分（後述））を表すコマンドである．

```
In[39]:= D[Sin[x], {x, 1}]
Out[39]= Cos[x]
```

かなり複雑な式の微分も自動的に行ってくれる．

```
In[49]:= D[Cos[Sin[x^3 + 2 x + 5]], x]
```
$$\text{Out[49]}= -(2 + 3x^2)\, \text{Cos}[5 + 2x + x^3]\, \text{Sin}[\text{Sin}[5 + 2x + x^3]]$$

また，比較的よく使う手法として，2×2 の正方行列の固有値を求めてみる．これには Eigenvalues[] を使う．

```
In[37]:= Eigenvalues[{{1, 2}, {3, 4}}]
```
$$\text{Out[37]}= \left\{\frac{1}{2}\left(5 + \sqrt{33}\right), \frac{1}{2}\left(5 - \sqrt{33}\right)\right\}$$

この程度なら手で解いた方が早い，と思われるかもしれないが，実際には本書でも込み入った形の式の微分等が出てくる．基本的な原理は二次方程式の解法だったり，大きな配列の固有値の計算だったりして理解しやすいのだが，それをきちんと間違いなく導きだそうとすると，人の手と頭だけではなかなかむずかしい．このような数式処理は，高等な知的労働のように見えて，実は単純作業である．このような単純作業の部分を機械に任せてしまえる，というのは大きなメリットである．

第3章

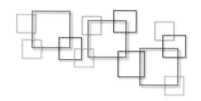

数学的な道具

3.1 はじめに

この章では，以後の章で出てくる数学的な道具について，最低限の直感的な説明をする．数学的に厳密な説明ではなく，とにかく目先の問題に対して早く道具を使えるように端的な説明しかしない．

また，あらゆることを書いているときりがないので，基本的には読者は高校数学をマスターしていると想定して，学習指導要領の範囲に入っていないもののみを記述する．

3.2 行列とベクトル

多変数の系を扱うときは，行列を使うと便利である．以下では，高校で習った程度の行列，ベクトルの概念を復習する．

3.2.1 単位行列

n 次の正方行列 A に対して $AI = IA = A$ となる I を，単位行列と呼ぶ．2 次の場合の単位行列は

$$I = \begin{pmatrix} 1 & 0 \\ 0 & 1 \end{pmatrix} \tag{3.1}$$

となる。

行列とベクトルのかけ算は以下のようになる．

$$\begin{pmatrix} a & b \\ c & d \end{pmatrix} \begin{pmatrix} x \\ y \end{pmatrix} = \begin{pmatrix} ax + by \\ cx + dy \end{pmatrix} \tag{3.2}$$

3.2.2 逆行列

$$AA^{-1} = I \tag{3.3}$$

となるような A^{-1} を A の逆行列と呼ぶ．

3.2.3 固有値，固有ベクトル，行列式

A を n 次正方行列，$\vec{w}$ を n 次ベクトルとしたとき，

$$A\vec{w} = \lambda\vec{w} \tag{3.4}$$

となるような λ を A の固有値，$\vec{w}$ を固有ベクトルと呼ぶ．

3.3 フーリエ変換

フーリエ変換とは，一言で言うと
「どんな分布も，三角関数の和で表すことができる」
ということである．何かの空間分布のある物質の時間変化を考えるとき，いきなり考えると大変難しいので，三角関数の和に分解してやって，それぞれについて考える，という場合に使う [5]．

この過程は，$Mathematica$ では **Fourier[]**，**InverseFourier[]** という関数で実装されている．この関数では，行列をフーリエ変換して，各周波数成分のうち sin の成分を実数，cos の成分を虚数として表示する．

たとえば，正弦波で表される分布があるとする．これをリスト **1**（エル）で表す．

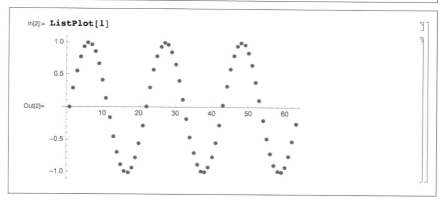

この分布は，フーリエ変換してやると，波数 3 の周波数成分のみが存在することになるので，$k = 3$ のところにシャープなピークが出てくる．

3.3 フーリエ変換

```
In[3]:= Fourier[l]
Out[3]= {-0.00264614 + 0. i, -0.00257977 + 0.0079674 i, -0.00222287 + 0.0253413 i,
    0.097029 + 3.9618 i, -0.00387568 - 0.0364379 i, -0.00348341 - 0.0196991 i,
    -0.00335976 - 0.01386 i, -0.00330143 - 0.010786 i, -0.00326844 - 0.00884416 i,
    -0.00324769 - 0.00748344 i, -0.0032337 - 0.00646382 i, -0.00322377 - 0.00566296 i,
    -0.00321647 - 0.0050115 i, -0.00321093 - 0.00446696 i, -0.00320662 - 0.00400169 i,
    -0.00320322 - 0.0035969 i, -0.00320049 - 0.00323926 i, -0.00319826 - 0.00291909 i,
    -0.00319644 - 0.00262909 i, -0.00319492 - 0.0023637 i, -0.00319366 - 0.00211854 i,
    -0.0031926 - 0.00189014 i, -0.00319172 - 0.00167567 i, -0.00319098 - 0.0014728 i,
    -0.00319036 - 0.0012796 i, -0.00318984 - 0.00109439 i, -0.00318942 - 0.00091575 i,
    -0.00318909 - 0.00074242 i, -0.00318883 - 0.000573273 i,
    -0.00318864 - 0.000407284 i, -0.00318851 - 0.000243501 i,
    -0.00318845 - 0.0000810233 i, -0.00318845 + 0.0000810233 i,
    -0.00318851 + 0.000243501 i, -0.00318864 + 0.000407284 i,
    -0.00318883 + 0.000573273 i, -0.00318909 + 0.00074242 i,
    -0.00318942 + 0.00091575 i, -0.00318984 + 0.00109439 i, -0.00319036 + 0.0012796 i,
    -0.00319098 + 0.0014728 i, -0.00319172 + 0.00167567 i, -0.0031926 + 0.00189014 i,
    -0.00319366 + 0.00211854 i, -0.00319492 + 0.0023637 i, -0.00319644 + 0.00262909 i,
    -0.00319826 + 0.00291909 i, -0.00320049 + 0.00323926 i,
    -0.00320322 + 0.0035969 i, -0.00320662 + 0.00400169 i, -0.00321093 + 0.00446696 i,
    -0.00321647 + 0.0050115 i, -0.00322377 + 0.00566296 i, -0.0032337 + 0.00646382 i,
    -0.00324769 + 0.00748344 i, -0.00326844 + 0.00884416 i, -0.00330143 + 0.010786 i,
    -0.00335976 + 0.01386 i, -0.00348341 + 0.0196991 i, -0.00387568 + 0.0364379 i,
    0.097029 - 3.9618 i, -0.00222287 - 0.0253413 i, -0.00257977 - 0.0079674 i}
```

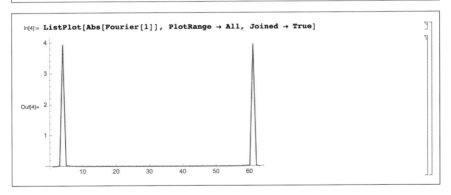

```
In[4]:= ListPlot[Abs[Fourier[l]], PlotRange → All, Joined → True]
```

そのほかの，様々な分布のフーリエ変換を見てみよう．たとえば，範囲が 0 から 1 の間のホワイトノイズは以下のように表される．

```
In[5]:= l = Table[RandomReal[], {x, 0, 2 Pi, 0.3}]
Out[5]= {0.839224, 0.59082, 0.436834, 0.736698, 0.245802,
    0.851573, 0.887689, 0.00608895, 0.429755, 0.0879042,
    0.39411, 0.0289897, 0.30289, 0.641571, 0.0786708,
    0.615046, 0.900914, 0.446897, 0.514943, 0.678004, 0.357094}
```

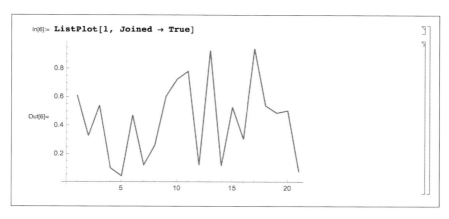

この分布をフーリエ変換したスペクトルは以下のように表される．

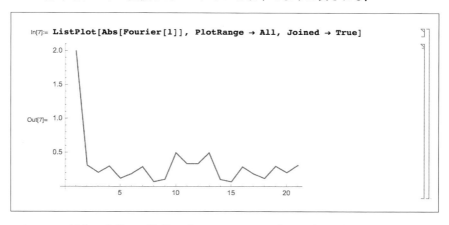

$k=0$ の部分が全体の平均値を表し，そのほかの部分が核周波数成分になる．ホワイトノイズのフーリエスペクトルはやはりホワイトノイズになることがわかる．

3.4 級数展開

複雑な形の関数 $f(x)$ を，関心のある点の周りで $a_0 + a_1 x + a_2 x^2 + ...$ という形の多項式で近似してしまうやり方がある．このようなやり方を級数展開もしくはテイラー展開という．*Mathematica* では，`Series[]` という関数で定義されている．

まず，真の関数を正弦波 ($\sin(x)$) として，この関数のプロットを描いて `truePlot`

3.4 級数展開

という変数に代入しておく．

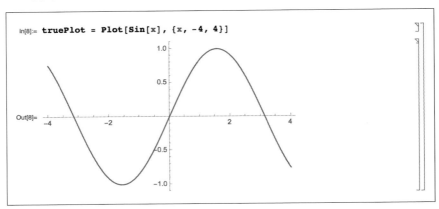

次に，この関数を $x = 0$ 近傍で多項式で近似した関数を作る．

```
In[9]:= t = Series[Sin[x], {x, 0, 8}]

Out[9]= x - x^3/6 + x^5/120 - x^7/5040 + O[x]^9
```

{0,8} となっているのは，x^0 から x^8 までの多項式を使う，という意味である．出力の最後についている $O[x]^9$ という記号は，x^9 以上のオーダーの多項式，という意味である．x が小さい場合，x^n の n が大きければ大きいほど $O[x]^n$ は小さくなるので，ほぼ無視してよくなる．

この関数のプロットを作る．

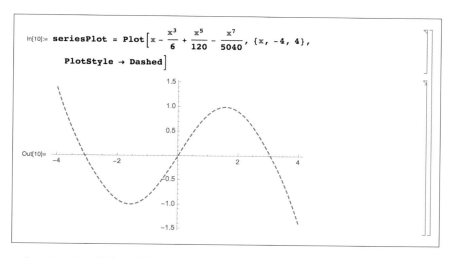

先ほどの真の関数を比較してみる．二つのプロットをまとめて表示するためには Show[] 関数を使う．

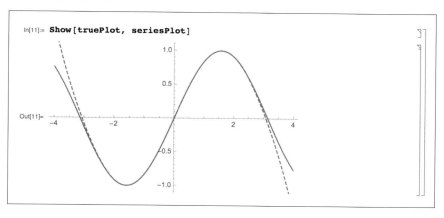

真の関数と，原点近くでは近い形になっていることがわかる．遠くなるにつれて，真の値からは少しずつズレていくことがわかる．

3.5 オイラーの法則

これは，式だけ書くと

$$e^{i\theta} = \cos\theta + i\sin\theta \tag{3.5}$$

3.5 オイラーの法則

となる.初めて見ると,使う使わない以前に,自然対数の底の虚数乗とは一体何のことだ,と理解に苦しむ人が多いように思う.とりあえず,一番簡単な導出方法は,前節の級数展開を使うやり方である.

まず,指数関数の虚数乗はどのように多項式で近似されるのかを見てみる.$Mathematica$ では虚数は $\mathtt{I}$ で表される.

```
In[12]:= n = 10;
```

```
In[13]:= expSeries = Series[Exp[I x], {x, 0, n}]
```
$$\text{Out[13]= } 1 + i\,x - \frac{x^2}{2} - \frac{i\,x^3}{6} + \frac{x^4}{24} + \frac{i\,x^5}{120} - \frac{x^6}{720} - \frac{i\,x^7}{5040} + \frac{x^8}{40320} + \frac{i\,x^9}{362880} - \frac{x^{10}}{3628800} + O[x]^{11}$$

次に,sin, cos 関数がどのように多項式で近似されるのかを見てみる.

```
In[14]:= cosSeries = Series[Cos[x], {x, 0, n}]
```
$$\text{Out[14]= } 1 - \frac{x^2}{2} + \frac{x^4}{24} - \frac{x^6}{720} + \frac{x^8}{40320} - \frac{x^{10}}{3628800} + O[x]^{11}$$

```
In[15]:= sinSeries = Series[I Sin[x], {x, 0, n}]
```
$$\text{Out[15]= } i\,x - \frac{i\,x^3}{6} + \frac{i\,x^5}{120} - \frac{i\,x^7}{5040} + \frac{i\,x^9}{362880} + O[x]^{11}$$

これらの近似式の間の関係を見てみる.

```
In[16]:= expSeries - cosSeries - sinSeries
```
$$\text{Out[16]= } O[x]^{11}$$

高次の(小さな)項しか残らないことがわかる.もうすこし n を増やして実験してみるとわかるが,n を大きくするとこの残余の項は 0 に近づいていく.したがって,指数関数の虚数乗は振動することがわかる.

この法則は,ある系が振動するかどうかを判定する場合にとても役に立つ.た

とえばある 2 種類の化学物質の濃度を $u(t), v(t)$ として，

$$\frac{du}{dt} = au + bv \tag{3.6}$$

$$\frac{dv}{dt} = cu + dv \tag{3.7}$$

というような濃度変化をする化学反応があったとする．a, b, c, d は化学反応の速さを表す定数である．

$$\vec{u} = \begin{pmatrix} u \\ v \end{pmatrix}, A = \begin{pmatrix} a & b \\ c & d \end{pmatrix} \tag{3.8}$$

とすると，この系は

$$\frac{d}{dt}\vec{u}' = A\vec{u} \tag{3.9}$$

と書ける．左辺にベクトルの時間微分が出てくるが，これは単にベクトルの各成分をすべて時間微分する，という操作を意味する．この系の解は，A の固有値 λ と固有ベクトル $\vec{u_0}$ を使って

$$\vec{u}(t) = e^{\lambda t} \vec{u_0} \tag{3.10}$$

と書くことができる（両辺に代入すると確かめることができる）．ここで，$e^{\lambda t}$ は振幅の時間変化を表すので，λ が虚部を含むかどうかで系が時間的に振動するかどうかを判定することができる．また，λ の実部の符号で，その系の平衡点からのずれが時間によって増大するか減少するかも見ることができる．なぜなら，λ が正であれば $e^{\lambda t}$ は t が大きくなると無限に大きくなるが，λ が負であれば 0 に収束するからである．

　実際に試してみよう．上の相互作用を表す行列 A を

```mathematica
In[17]:= A = (2  -2
              3  -1);
```

とする．この行列の固有値を求めてみる．

```
In[18]:= Eigenvalues[A]
Out[18]= { 1/2 (1 + i √15 ), 1/2 (1 - i √15 ) }
```

二つの固有値とも，実部が正で虚部が存在するので，この系は振幅が増大しつつ振動するはずである．化学反応で振動がおこる，というのは少し奇妙な感じがするが，BZ 反応のように，非平衡系では振動を起こす化学反応が実際に存在する．

3.6 偏微分

式の中に突然 ∂ という見慣れない記号が出てきて戸惑う事があるかと思う．これは偏微分という記号で，他の変数をすべて定数としてみてしまって，関心のある変数のみで微分操作を行う事に相当する．*Mathematica* では `D[]` を用いる．

できるだけ簡単な関数で試してみよう．まず，使う変数にあらかじめ値がはいっていることがないよう，`Clear[]` 関数を使って消去する．

```
In[19]:= Clear[x, y]
```

つぎに，`Sin[x y]` という関数を x で偏微分してみる．

```
In[20]:= D[Sin[x y], x]
Out[20]= y Cos[x y]
```

これに対して，ある関数を，変数すべてで偏微分した項の合計を全微分という．*Mathematica* では `Dt[]` で表す．

```
In[21]:= Dt[Sin[x y], x]
Out[21]= Cos[x y] (y + x Dt[y, x])
```

となり，`x Dt[y,x]` という項がよけいについてくる．

第 3 章　数学的な道具　　27

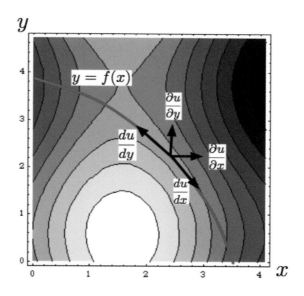

図 3.1　偏微分と全微分の違いの直感的説明.

```
In[22]:= Dt[f[x, y], x]
Out[22]= Dt[y, x] f^(0,1)[x, y] + f^(1,0)[x, y]
```

　この差を直感的に説明すると以下のようになる．曲面 $z = f(x, y)$ 上に道路があり（灰色の曲線），その道路が走る方向の傾きを考える．偏微分では，自分が居る点での土地の勾配を純粋に x 軸方向，y 軸方向で見たものとなる．それに対して，全微分では，y が x に依存しても良い．例えば，赤線に沿って道路があり，その方向の傾きを考えるという状態である．すると，x 方向に単位長さだけ移動した場合，y 方向にも単位長さだけ移動してしまうため，もう一つ別の「y 方向に dy/dx だけ移動した場合に高度がどう変化するか」という成分が追加される事となる（図 3.1）．

　当書では実質的に偏微分しか扱わないため，一変数（常微分系）では d，二変数以上の系（偏微分）では ∂ を用いる．

28   3.7 畳み込み積分

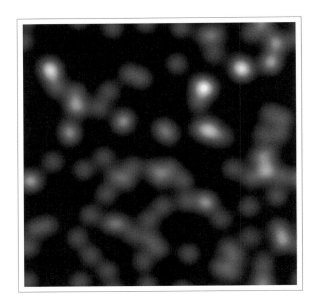

図 3.2　実際に測定された画像.

3.7 畳み込み積分

　画像処理ではたびたび畳み込み積分（Convolution）と呼ばれる操作が出てくる．実用上はこの逆の操作の方がイメージングでよく使われ，畳み込み積分は知らないけれどデコンボリューションは知っている，と言う生物系の人は結構多い．したがって，ここでは顕微鏡画像の処理を例にとって説明する．

　細胞内の小さな粒子を蛍光で光るようにして顕微鏡で撮影したところ，図 3.2 のような写真が撮れたとする．

　さて，この画像はどうもピントがボケているような気がする．実際の粒子の大きさが均一だとすると，実際の粒子の分布はどのような形になっているだろうか？実際の粒子の分布を図 3.3 ようなものとする．

　これが上のようなボケた画像になっている場合，何が起こっているのかを考え

図 3.3 真の蛍光粒子の分布.

てみよう．各粒子から出てくる光を観測しているときに，フォーカスが合っていない場合，各粒子の絵が，それぞれボケたように写っている，ということが起こる．最終的に届く光がお互いに影響を与えず，各点から来る光の総和になっているとすると，単一の点を撮影したときの「ぼけ」の画像を $k(x,y)$，真の画像を $u(x,y)$，観測されている画像を $v(x,y)$ として

$$v(X,Y) = \int_x \int_y k(X-x, Y-y)u(x,y)dxdy \tag{3.11}$$

となる．k をカーネルと呼ぶ．二重積分が出てきて一見難しそうだが，これは，特定の点の観測されている画像 ($v(X,Y)$) は，いろいろな点 ($u(x,y)$) から来る光 ($k(X-x, Y-y)u(x,y)$) を全部足したものです，と言っているに過ぎない (図 3.4).

このような操作を畳み込み積分と呼ぶ．この操作を表す記号としては"$*$"がよく

3.7 畳み込み積分

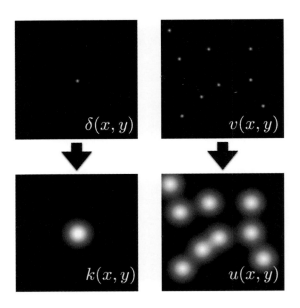

図 3.4 畳み込み積分の概念.

使われる.

$$v = k * u \tag{3.12}$$

1 次元の離散の系でこの操作を試してみよう. *Mathematica* には `ListConvolve[]` という関数が用意されていて, u を表すリストと, k を表すリストの間で畳み込みを行ってくれる.

まず, 元の画像を適当に定義する. 2 つの小さな蛍光粒子が領域内に存在するとする.

```
In[23]:= originalImage = Table[0, {20}]
Out[23]= {0, 0, 0, 0, 0, 0, 0, 0, 0, 0, 0, 0, 0, 0, 0, 0, 0, 0, 0, 0}
```

```
In[24]:= originalImage[[6]] = 1; originalImage[[14]] = 1;
```

この分布を表示してみる．

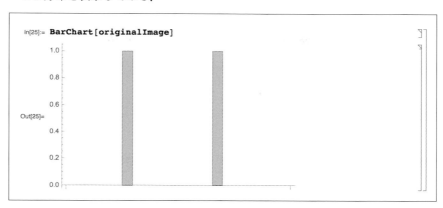

次に，特定の点がどのようにボケるかの関数を定義する．ここでは，中心点からズレると指数関数的に値が減少する関数を定義して使う．このような関数をカーネル（積分核）と呼ぶ．

```
In[26]:= kernel = RotateLeft[Table[Exp[-0.1 (x - 10)^2], {x, 1, 20, 1}], 9]
Out[26]= {1., 0.904837, 0.67032, 0.40657, 0.201897, 0.082085,
    0.0273237, 0.00744658, 0.00166156, 0.000303539,
    0.0000453999, 0.000303539, 0.00166156, 0.00744658,
    0.0273237, 0.082085, 0.201897, 0.40657, 0.67032, 0.904837}
```

実際のカーネルの形をプロットしてみる．

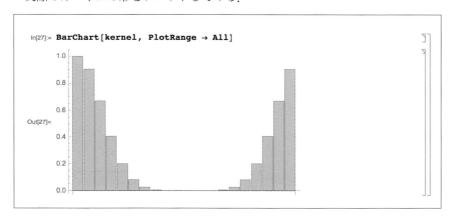

32   3.7 畳み込み積分

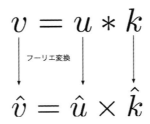

図 3.5　フーリエ変換と畳み込み積分の関係.

この二つの関数の畳み込み積分の結果を表示してみる.

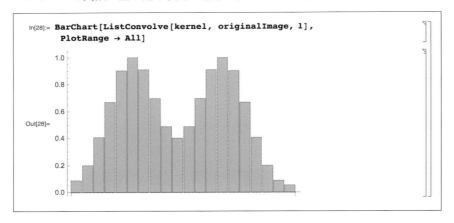

フォーカスがボケた場合，このような画像が観測される.

この操作の特別な性質として，

「畳み込み積分はフーリエ変換した周波数領域ではただのかけ算になる」

というものがある.

これも実験的に，同じ操作をフーリエ変換を用いて計算した結果を見てみよう.

```
In[29]:= fourierMultiplication =
    Sqrt[20] InverseFourier[Fourier[kernel] Fourier[originalImage]]
```
Out[29]= {0.0895316 + 7.48099×10⁻¹⁷ i, 0.203558 − 8.31685×10⁻¹⁷ i,
0.406873 + 7.78456×10⁻¹⁷ i, 0.670365 + 1.37798×10⁻¹⁷ i,
0.905141 − 6.06102×10⁻¹⁷ i, 1.00166 + 2.4751×10⁻¹⁷ i,
0.912284 + 4.92425×10⁻¹⁷ i, 0.697644 − 1.30896×10⁻¹⁶ i,
0.488655 + 3.02457×10⁻¹⁷ i, 0.403793 − 1.55498×10⁻¹⁷ i,
0.488655 − 5.75361×10⁻¹⁷ i, 0.697644 + 8.9942×10⁻¹⁷ i,
0.912284 − 1.07971×10⁻¹⁶ i, 1.00166 − 3.57154×10⁻¹⁷ i,
0.905141 + 7.44495×10⁻¹⁷ i, 0.670365 − 1.94978×10⁻¹⁷ i,
0.406873 − 4.81472×10⁻¹⁷ i, 0.203558 + 1.10174×10⁻¹⁶ i,
0.0895316 − 3.23291×10⁻¹⁷ i, 0.0546474 + 4.61816×10⁻¹⁷ i}

頭に `Sqrt[20]` がついているのは，*Mathematica* の `Fourier[]` の頭についてくる係数を補正するためのものである．

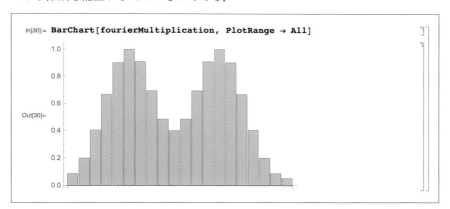

先ほどと同じ形の出力が得られるのがわかる．

これを逆に考えると，デコンボリューション（ボケた画像から真の画像を推定する）は，画面上の一点がどのようにボケるかを計測しておけば，周波数領域での割り算をすれば原理上は算出できるはずである（図 3.6）．

小さな蛍光ビーズを使うと，カーネルにあたる関数を実際に計測することができる．これを使えば，実画像をうまくボケ画像から推定できるはずである．実際に試してみよう．

3.7 畳み込み積分

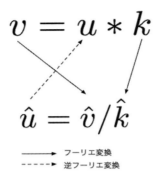

──→ フーリエ変換
-----→ 逆フーリエ変換

図 3.6 ボケ画像からの真の画像の推定過程.

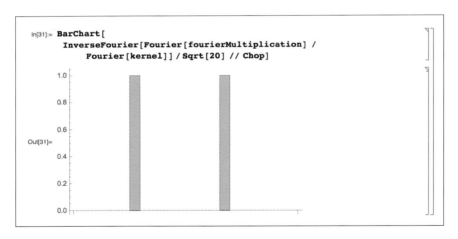

このように，ボケ画像から元画像を推定できた．しかし実際にはこれはなかなかうまくいかない．周波数領域に 0 の成分があると，割り算が出来なくなるからである．

同様の操作は，拡散現象の数値計算でも出てくる．特定の小さな領域内の分子が，一定時間経った後どこに分布するかを考えると，初期分布がデルタ関数の拡散方程式の解となる．この解をカーネルとして，特定の時間の分布に畳み込み積分をかけると，結果として特定の時間が経過したあとの濃度分布を算出していることになる．

第4章
モルフォゲンの濃度勾配

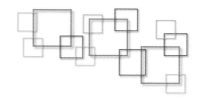

4.1 モルフォゲンの濃度勾配によるパターン形成

　発生生物学の中には，モルフォゲン (morphogen) の濃度勾配によるパターン形成，という考え方がある [6]．発生段階の特定の組織の中で細胞外に放出されるシグナル因子（モルフォゲン）が作られる．この因子が拡散しつつ広がることで，産生部位を中心とした濃度勾配が形成されて，その濃度を各細胞が感知して，場所による分化が生じる，という説明である．濃度勾配の具体的な値を位置情報と呼ぶ [7]．この言葉が最初に登場したのはアラン・チューリング（Alan Turing）の有名な拡散誘導不安定性の論文 [8] だが，現在では濃度勾配を形成する因子，と言うルイス・ウォルパート（Lewis Wolpert）的な使われ方 [7] をする事が多い．何だそりゃ，式を立てなくてもわかるじゃん，という方は多いかと思う．現に，数学からこの世界に入った人は濃度勾配のモデルに関してはあまり関心を持たない事が多い．しかし，実際に定式化して考えてみると，意外と自明ではない面白い問題が出てくる．ここでは非常によく理解されている例として，神経管形成時のソニック・ヘッジホッグ（Sonic Hedgehog, Shh）をとりあげる [9]．
　脊椎動物の脊髄は，背側（はいそく，背中側）に感覚神経，腹側（ふくそく，おなか側）に運動神経のニューロンが分布している．このような背側-腹側の細胞の種類の変化は，発生段階でソニック・ヘッジホッグ (Sonic Hedgehog , Shh) という細胞外に分泌される分子が背腹軸に沿って濃度勾配を形成し，各領域のニュー

ロンがその濃度を読み取ることによって形成されるといわれている（図 4.1）．

さて，この Shh は神経管の腹側や，脊索から産生されて濃度勾配を形成する事が観測されている．この濃度勾配はどのように形成されるのだろうか？

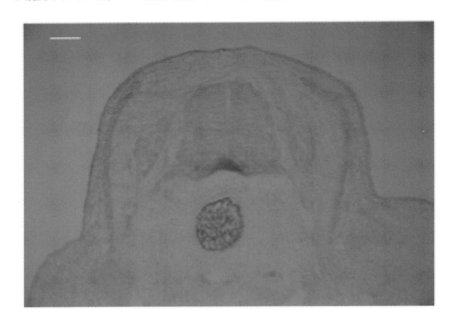

図 4.1　ニワトリ神経管での Shh の分布（免疫染色）

4.2　Mathematica による定式化

4.2.1　系の定式化

まず，定式化の一番簡単な例として，この濃度勾配の形成を取り上げる．何だそれは，式を立てなくてもわかる，と思われる方もいるだろうが，実際にきちんと定式化して考えてみると，いろいろと面白い事が出てくる．ここでは，まず問題を離散化して数値計算を実装する所から始める．次に，その連続極限をとって支配方程式を導出し，その解析解を用いて系の挙動を考える．

ある系の挙動を理解するには一般に

1. 初期条件
2. 境界条件
3. 支配方程式

が必要である．

1. の初期条件とは，ある系の中の見たい量が，一番最初にどのような状態になっているのか
2. の境界条件とは，考えている領域の内側と外側の境目はどのように扱うのか
3. の支配方程式とは，見たい量が，短い時間の間にどのような法則に則って変化をするのか

を記述したものである．これらがそれぞれ何を表すかを，濃度勾配形成を例にとって説明する．

まず，単純に考えるため，組織の左端から Shh が産生され，右側に向かって拡散していくとする．このとき，Shh 分子がどのように時間的に変化していくかを考える．単純に考えるため，Shh の産生される領域を原点として，そこから一次元的に濃度分布が存在すると考える．

4.2.2 系の離散化と初期条件

座標 x，時刻 t での Shh の濃度を $u(x,t)$ とする．空間分布の時間変化をいきなり考えるのは大変難しいので，ある時刻の濃度分布は，空間分布を短い距離 dx で区切って，それぞれの小さい領域の中での濃度は一定としてしまう（図 4.2）．

まずこの実際の dx, dt の値を $Mathematica$ で次のように定義する．

```
In[1]:= dx = 0.05; dt = 0.1;
```

すると，ある時刻での濃度の空間分布は，数列で表すことができる．これを $Mathematica$ で実装する．一番最初の状態の Shh の濃度分布を u_0 として，領

4.2 Mathematica による定式化

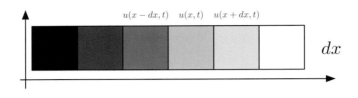

図 4.2 濃度場の定義.

域の全長を 1 とし，すべての領域で濃度は 0 とする．

```
In[2]:= u0 = Table[0, {i, 1, 1/dx, 1}]
Out[2]= {0, 0, 0, 0, 0, 0, 0, 0, 0, 0, 0, 0, 0, 0, 0, 0, 0, 0, 0, 0}
```

このような，時刻 0 での系の状態の定義を初期条件という．

4.2.3 支配方程式

次に，この空間分布が，短い時間 dt の後にどうなるかを考える．まず，Shh の産生が左端で起こるので，この単位時間あたりの産生量を u_p とすると，たとえば

```
In[3]:= up = Table[0, {i, 1, 1/dx, 1}]; up[[1]] = 1;
```

```
In[4]:= up
Out[4]= {1, 0, 0, 0, 0, 0, 0, 0, 0, 0, 0, 0, 0, 0, 0, 0, 0, 0, 0, 0}
```

という形で定義することができる．ここでは，まずすべての領域で 0 となる数列を定義し，次に左端の値を変える，というやり方で数列を作っている．実際に正しい形になっているかを確認する．

```
In[5]:= Du = .01
Out[5]= 0.01
```

4.2.4 支配方程式 - 拡散項

次に，拡散現象を定義する．これは，ある領域と，隣の領域の濃度が異なる場合，濃度が高い方から低い方に移る，という現象である．その移動速度は，隣との濃度勾配および隣と接する面積に比例する．したがって，左隣から移動してくる量は

$$D_u \left(\frac{u(x-dx) - u(x)}{dx} \right) dx \tag{4.1}$$

右隣から移動してくる量は

$$D_u \left(\frac{u(x+dx) - u(x)}{dx} \right) dx \tag{4.2}$$

これに伴う濃度変化は，これらの量を領域の面積 dx^2 で割って

$$D_u \left(\frac{u(x-dx) + u(x+dx) - 2u(x)}{dx^2} \right) \tag{4.3}$$

となる．D_u は拡散係数で，この場合は $D_u = 0.01$ とする．

```
In[5]:= Du = .01
Out[5]= 0.01
```

次に，系の境界をどのように扱うかを決めないといけない．これを境界条件と呼ぶ．

- 右端と左端が輪になって繋がっていると想定する場合（周期境界条件）：これは，組織が環状に繋がっていると仮定する．実際に生物界でこのようになっていることはあまりないが，微小片が n 個（$= 1/dx$ 個）あるとして，$u(0) = u(n), u(n+1) = u(1)$ とすれば良いだけなので，*Mathematica* で計算をする場合に取扱いが簡単であるという利点がある．
- 右端，左端では，それより外に物質のやり取りがないと考える場合（Zero-flux condition）：この場合，右端，左端の組織片で，上の拡散項の左隣，右隣への拡散が 0 であるというように，別の計算をしてやる．

- 右端，左端が一定値であると仮定する場合（固定境界条件）：．端の部分で物質が産生されていると仮定する場合に使う．

今回は Zero-flux condition （両端の領域に関しては，領域から出て行かない）を使う．この計算を簡単にするために，「ある領域の右側の濃度」という数列と，「ある領域の左側の濃度」という数列を作ってやって，それぞれを用いて次の値を計算する，というやり方を考える．これは，数列を操作する関数 `Drop[]`, `Append[]`, `Prepend[]` を使う．

```mathematica
In[6]:= left[u_List] := Prepend[Drop[u, -1], u[[1]]]
```

これは，「数列 u の右端の値を取り去って，代わりに左端に一番最初の値と同じ値をコピーする」という操作に相当する．左端の値に $u(0)$ ではなく $u(dx)$ を用いることで，左端から流出，流入がないことを表現する．動作テストをしてみる．

```mathematica
In[7]:= left[{1, 2, 3, 4}]
Out[7]= {1, 1, 2, 3}
```

同様に，ある領域の右側の値を定義する関数も作る．

```mathematica
In[8]:= right[u_List] := Append[Drop[u, 1], u[[-1]]]
```

```mathematica
In[9]:= right[{1, 2, 3, 4}]
Out[9]= {2, 3, 4, 4}
```

これらをあわせて，拡散を表す関数 `diffusion[]` を定義する．

```mathematica
In[10]:= diffusion[u_] := Du (left[u] - u + right[u] - u) / dx / dx
```

4.2.5 数値計算

産生項とあわせて，短い時間 dt の間に濃度分布がどのように変化するかを定義する関数 `dudt[]` を実装する．

```mathematica
In[11]:= dudt[u_] := u + dt (up + diffusion[u])
```

この関数の動作テストをしてみる．ある短い時間 dt の後の濃度分布をまず算出する．

```
In[12]:= dudt[u0]
Out[12]= {0.1, 0., 0., 0., 0., 0., 0., 0.,
         0., 0., 0., 0., 0., 0., 0., 0., 0., 0., 0., 0.}
```

次に，時間 $2dt$ の後の濃度分布を算出してみる．これは，同じ関数を2回適用すれば良い．

```
In[13]:= dudt[dudt[u0]]
Out[13]= {0.16, 0.04, 0., 0., 0., 0., 0., 0.,
         0., 0., 0., 0., 0., 0., 0., 0., 0., 0., 0., 0.}
```

これを繰り返すと，この系の時間変化を算出することができる．このような関数を繰り返し適用する関数には Nest[] と NestList[] がある．今回は経時変化を全て残すために NestList[] を用いる．

```
In[14]:= u = NestList[dudt, u0, 1000];
```

結果を三次元的に表示するのには ListPlot3D[] を使う．これは，各時刻 t に，座標 x の点がどのような濃度になっているのかを表面プロットで表したものである．横軸が空間分布，縦軸が時間となる．

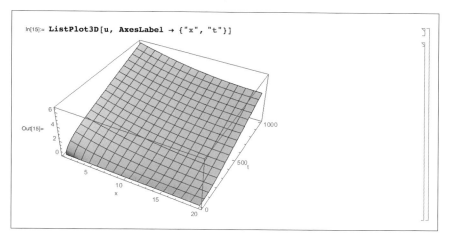

時間が経つに連れて濃度勾配が変化していく様子が分かる．

4.2.6　ソースコードのまとめ

以上の操作をすべてまとめて書くと以下のようになる．

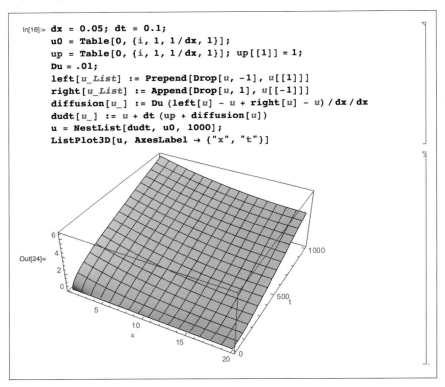

4.2.7　連続の式への変換

上で計算した方程式をすべて書き出すと以下のようになる．

$$u(x, t+dt) = u(x,t)$$
$$+ dt(u_p(x) + D_u(\frac{u(x+dx,t) + u(x-dx,t) - 2u(x,t)}{dx^2}))$$
(4.4)

これを少し変形すると

$$\frac{u(x, t+dt) - u(x,t)}{dt} = u_p(x) + D_u \frac{\frac{u(x+dx,t)-u(x,t)}{dx} - \frac{u(x,t)-u(x-dx,t)}{dx}}{dx} \tag{4.5}$$

となる．ここで，$dt \to 0, dx \to 0$ の極限をとると，

$$\frac{u(x+dx,t) - u(x,t)}{dx} \to \frac{\partial u(x,t)}{\partial x} \tag{4.6}$$

$$\frac{u(x,t) - u(x-dx,t)}{dx} \to \frac{\partial u(x-dx,t)}{\partial x} \tag{4.7}$$

$$\tag{4.8}$$

から，左端の項が空間の二次微分となるため，

$$\frac{\partial u}{\partial t} = u_p(x) + D_u \frac{\partial^2 u}{\partial x^2} \tag{4.9}$$

となる．これが連続の場合の支配方程式となる．このような形にしておくと，後で数値計算の結果が正しいのかどうか，きちんと理解する場合に大変役に立つ．

4.3　ソース-シンク・モデルとスケール不変性

　前述のモデルは，よく見るといくら時間が経っても濃度勾配が一定の場所に落ち着かない，という欠点がある．つまり，t 軸にそって値を見ていくと，どの点でもずっと上昇していくだけで，どこかに落ち着くことが無い．系全体を考えてみると，左端で分子を産生しても，出て行くところがないので系全体で分子がたまる一方である，というのは当然である．このように濃度勾配が落ち着かない状態だと，読み取る細胞の方も正確な位置決めをすることができない．何が足りなかったのかを考えると，これは分子の分解である．

　分解の入れ方にもいろいろなやり方がある．Wolpert らが行ったのは，モルフォゲンを産生，分解する特別な領域を考えよう，というやり方で，産生する部分をソース (source)、分解する部分をシンク (sink) と呼ぶ [7]．この考え方を *Mathematica* で実装してみよう．考え方としては，左端では物質の産生が調節

4.3 ソース-シンク・モデルとスケール不変性

されていて，濃度が 1 となり (source)，右端では物質が素早く分解されて濃度が 0 になる (sink)，という仮定を入れる（固定境界条件）．

まず，領域の長さを 1 とし，空間離散化の刻み幅を dx, 拡散係数を D_u とする．これらは前回の数値計算と同じものを使う．

```
In[25]:= dx = 0.05; dt = 0.1; Du = 0.01;
```

次に，濃度分布の両端の濃度を固定する関数を定義する．ここで，複数の命令を単一の関数にまとめてしまうために，`Module[]` という関数を用いる．

```
In[26]:= f[u_] := Module[{v}, v = u;
         v[[1]] = 1; v[[-1]] = 0; v];
```

実際に動作テストをしてみる．

```
In[27]:= f[{0, 1, 2, 3, 4}]
Out[27]= {1, 1, 2, 3, 0}
```

```
In[28]:= f[u0]
Out[28]= {1, 0, 0, 0, 0, 0, 0, 0, 0, 0, 0, 0, 0, 0, 0, 0, 0, 0, 0, 0}
```

次に，時刻 dt 分の変化を計算する関数を定義する．

```
In[29]:= dudt[u_] := f[u + dt (diffusion[u])]
```

動作テストをしてみる．

```
In[30]:= dudt[dudt[u0]]
Out[30]= {1, 0.4, 0., 0., 0., 0., 0., 0., 0.,
         0., 0., 0., 0., 0., 0., 0., 0., 0}
```

この関数を，`NestList[]` 関数を用いて繰り返し適用し，濃度分布の時間変化を計算する．

```
In[31]:= u = NestList[dudt, u0, 1000];
```

この操作によって，変数 u には，一次元の濃度分布が時刻 0 から時刻 1000 まで入っている形になる．

結果を三次元的に表示する．横軸が空間分布，縦軸が時間となる．

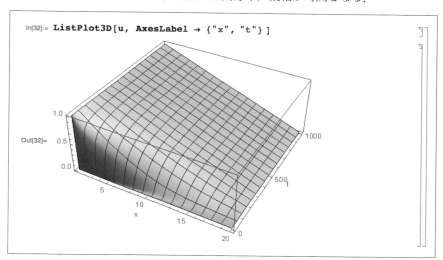

この場合，濃度勾配はある程度時間が経つと安定するのがわかると思う．最終的な状態の濃度のプロフィールを表示してみる．最終時刻は 1000 なので，リスト u の最後の値が最終形になる．

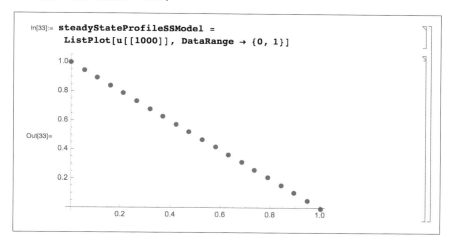

直線状になっているのがわかる.

このモデルのソースコードをまとめて書くと以下のようになる.

```
In[34]:= dx = 0.05; dt = 0.1;
        Du = 0.01;
        f[u_] := Module[{v}, v = u;
           v[[1]] = 1; v[[-1]] = 0; v];
        u0 = Table[0, {i, 1, 1/dx, 1}];
        left[u_List] := Prepend[Drop[u, -1], u[[1]]];
        right[u_List] := Append[Drop[u, 1], u[[-1]]];
        diffusion[u_] := Du (left[u] - u + right[u] - u) / dx / dx
        dudt[u_] := f[ u + dt diffusion[u]]
        u = NestList[dudt, u0, 1000];
        ListPlot3D[u, AxesLabel → {"x", "t"}]
```

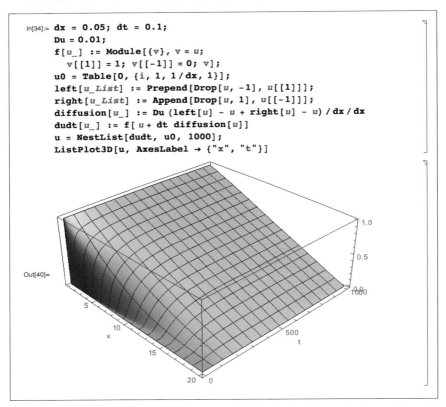

さて，この場合に，最終的な濃度勾配がどのような形になるのか，連続の支配方程式から導出してみよう．最終的な落ち着いた状態，という事は，時間的に濃度分布が変化しない状態ということになるので，

$$\frac{\partial u}{\partial t} = u_p(x) + D_u \frac{\partial^2 u}{\partial x^2} = 0 \qquad (4.10)$$

とならなくてはならない．また，物質の出入りは境界条件で実装するので，$u_p(x) = 0$ とする．また，先程の数値計算と同様，産生している領域では $u = 1$，分解してい

る領域では $u = 0$ となるような固定境界条件になっているとする.

$$u(0,t) = 1, u(1,t) = 0 \tag{4.11}$$

このような方程式を解くには DSolve[] を使う.

```
In[41]:= Clear[u, dx, Du]
```

```
In[42]:= solution =
          DSolve[{Du D[u[x], {x, 2}] == 0, u[0] == 1, u[1] == 0}, u[x], x]
Out[42]= {{u[x] → 1 - x}}
```

```
In[43]:= p = Plot[u[x] /. solution[[1]], {x, 0, 1}]
```

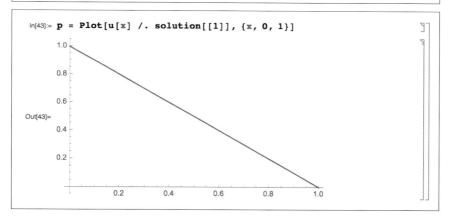

これは，求める濃度分布が x の一次関数である事を意味する．これによって，先程の数値計算が正しいことが解析的に確認できた．

また，濃度分布は境界条件のみに依存し，拡散係数 D_u に依存しない．例えば産生量が多く，境界での濃度が 2 倍存在するとする.

```
In[44]:= solutionDoubleProduction =
          DSolve[{Du D[u[x], {x, 2}] == 0, u[0] == 2, u[1] == 0}, u[x], x]
Out[44]= {{u[x] → -2 (-1 + x)}}
```

ここで出力で出てくる右向きの矢印は変換規則と呼ばれ，u[x] を 1-u に置き換える，という操作を表す．これを実際に適用するには，以下のように「/.」を

4.3 ソース-シンク・モデルとスケール不変性

使う．

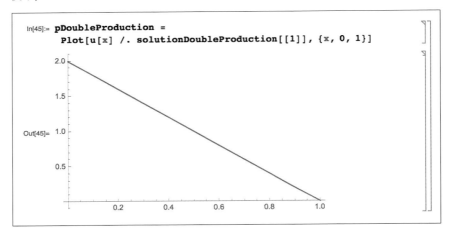

また，領域のサイズが変化すると，濃度が 1/3 になる点，2/3 になる点は変わらない．

```
In[46]:= solutionDoubleDomainSize =
    DSolve[{Du D[u[x], {x, 2}] == 0, u[0] == 1, u[2] == 0}, u[x], x]

Out[46]= {{u[x] → (2 - x)/2}}
```

従って，組織の大きさが異なっても，生じる構造のプロポーションは変わらない，という性質が生じる．このような性質をスケール不変性 (scale invariance) という．

ただし，このような「シンク」が存在するのは特殊な場合である．例えば，Shh を特異的に分解する分子や領域は見つかっていない．このようなタイプの濃度勾配を形成している可能性のある分子としてはレチノイン酸（Retinoic acid）がある．レチノイン酸は主要な合成酵素が RALDH2, 分解酵素が CYP26 である [10] ため，その間でソース-シンク型の濃度勾配が形成されている可能性がある．可能性がある，と書いたのはレチノイン酸は低分子で，蛋白質よりも更に可視化が難しく，濃度分布を直接見た人がいないからだ．（レチノイン酸に反応する RARE というプロモーター領域があるので，その活性を可視化する事でシグナルの入力の

分布を見る，という方法が良く行われる．また，組織片を大量に集めて，HPLC で無理矢理量の差を見た，という話はある）．このようなソース-シンク型の勾配形成の様式が本当に存在するのかどうかは，更なる可視化技術の発展を待たないといけない．

4.4　SDD モデル (Source-Diffusion-Degradation model)

さて，それではモルフォゲン分布を考える場合の妥当な分解の仮定とはどのようなものだろうか？考えられる可能性としては，分子の居る場所に関係なく，飲作用や自然分解で一定の割合でなくなっていく，というやり方である．まず，これを数値計算で実装してみよう．やり方としては，先ほどのルールの中に，「すべての場所で濃度 u に比例する量の分解が起こる」という効果を入れるだけで良い．その自然分解速度を `deg` として定義する．

まず系のパラメータを指定する．これは前の数値計算と同じものを使っている．

```
In[47]:= dx = 0.05; dt = 0.1; Du = 0.01;
```

モルフォゲンの分解速度を `deg` とする．

```
In[48]:= deg = 0.5;
```

Shh の産生項 `up` を最初に使っていたものに戻す．

```
In[49]:= up = Table[0, {i, 1, 1/dx, 1}]; up[[1]] = 1;
```

支配方程式の反応項の部分に，一様に分解する項 `-deg u` を付け加える．

```
In[50]:= dudt[u_] := u + dt (up - deg u + diffusion[u]);
```

この式の形で再度計算を行う．

```
In[51]:= u = NestList[dudt, u0, 1000];
```

50   4.4 SDD モデル (Source-Diffusion-Degradation model)

結果を三次元的に表示する．横軸が空間分布，縦軸が時間となる．

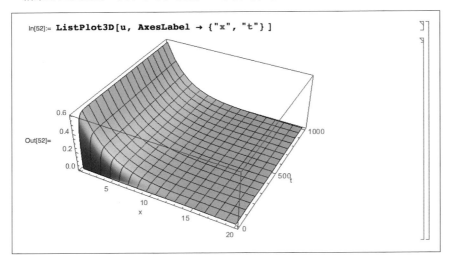

先ほどと異なり，指数関数状に減少していく濃度プロフィールが得られる．この最終状態をプロットしてみる．

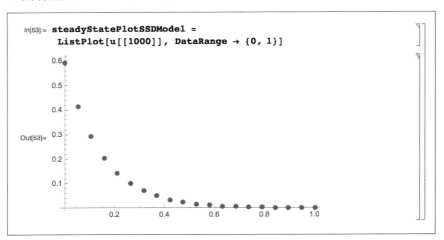

このような，産生，拡散，分解を含んだ形の濃度勾配形成モデルを Source-Diffusion-Degradation をあわせて SDD モデルと呼ぶ [6]．

これまで書いて来たソースコードをまとめると以下のようになる．

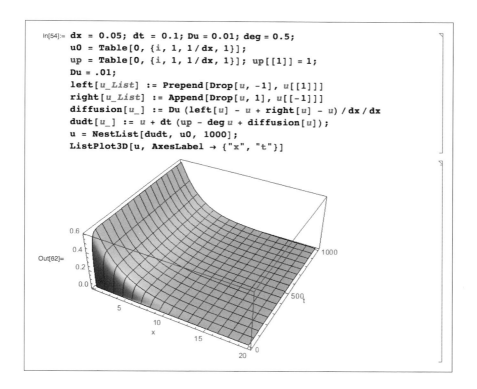

4.4.1 定常状態の濃度分布の導出.

さて，この場合の濃度プロフィールがどのような形になるのか，解析的に導出してみよう．前の章の例と同様に，物質の産生は境界条件で実装する．物質が左端から一定量流入し，右端は組織の境界で物質が出て行かないと仮定する．流入量を 1 とするために，拡散係数を用いて調節する．

$$\left.\frac{\partial u}{\partial x}\right|_{x=0} = -\frac{u dx}{D_u} \tag{4.12}$$

$$\left.\frac{\partial u}{\partial x}\right|_{x=1} = 0 \tag{4.13}$$

先ほどと異なるのは，支配方程式に分解項 $-\deg u$ が入る事である．

$$\frac{\partial u}{\partial t} = f(u) + D_u \frac{\partial^2 u}{\partial x^2} = -\deg u + D_u \frac{\partial^2 u}{\partial x^2} \tag{4.14}$$

4.4 SDD モデル (Source-Diffusion-Degradation model)

先ほどと同様に，これ以上濃度が変化しない，という状態では $\frac{\partial u}{\partial t}=0$ となるので，

$$-\deg u + D_u \frac{\partial^2 u}{\partial x^2} = 0 \qquad (4.15)$$

この条件で解を導いてみる．このような，微分方程式の解の導出には `DSolve[]` を使う．

```
In[63]:= Clear[u, deg]
```

```
In[64]:= solution =
    DSolve[{Du D[u[x], {x, 2}] - deg u[x] == 0, u'[0] == -1 dx / Du,
      u'[1] == 0}, u[x], x]

Out[64]= {{u[x] → (0.5 e^(-10. √deg x) (1. e^(20. √deg) + 1. e^(20. √deg x))) / (√deg (-1. + 1. e^(20. √deg)))}}
```

あまり見慣れない形の解が出てくるので説明する．`solution` という変数に入っている値は，変換規則と呼ばれ，あるシンボルをどのように置き換えるか，というやり方が入っている．これを実際の関数として使うる場合，

```
In[65]:= u[x] /. solution[[1]]

Out[65]= (0.5 e^(-10. √deg x) (1. e^(20. √deg) + 1. e^(20. √deg x))) / (√deg (-1. + 1. e^(20. √deg)))
```

というように，`u[x]` にこの変換規則を割り当てる操作が必要になる．解が複数ある場合があるので，`DSolve[]` が返す値は通常リストである．今回は解が一つしかないので，`solution[[1]]` というように変換規則のうち最初の物を使う，と言う書き方をしている．

実際にこの関数をプロットしてみよう．分解係数を指定する．

```
In[66]:= deg = .5;
```

関数をプロットする．

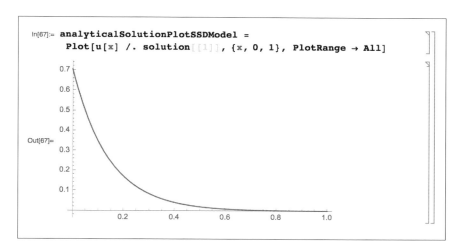

先ほどの数値計算の値と比較してみる．

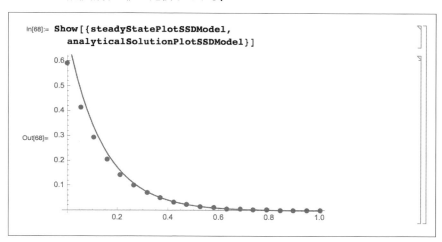

このように，数値計算の値と解析的に得られた値はきちんと一致することがわかると思う．

4.5 数値誤差と陰解法

4.5.1 はじめに

さて,ここでよくある誤解に,「数値計算で正しい答えが出せるので,わざわざ方程式を解くような小難しい数理解析は現在では不必要である」というものがある.確かに系が非線形になると解析的に扱える系は限られているため,数値計算に頼らざるをえない局面は増えてくる.しかし,数値計算には誤差があって,気をつけないと妙なことが生じる.

例えば,先ほどの拡散方程式の数値計算で,計算を速くするために時間区切りの大きさ dt を少し大きくしてみる.

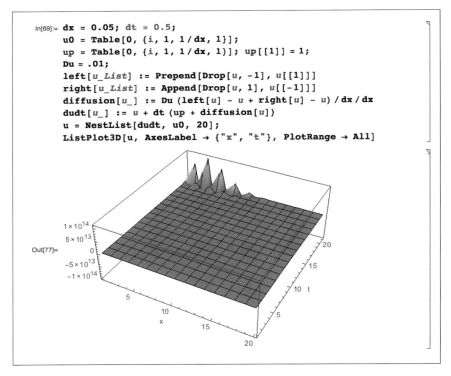

一番最後の時刻の濃度分布だけをプロットしてみる.

第 4 章 モルフォゲン の濃度勾配　55

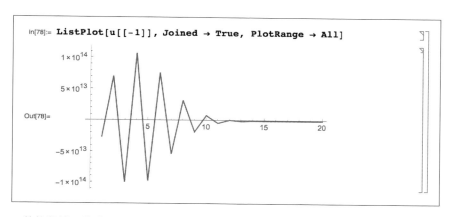

数値計算の後半になって，非常に大きな振幅の波が生じている[*1]．これは実は数値計算の誤差による見かけの現象であり，現実の系とは何の関係もない．そもそも拡散現象は濃度分布を平均化する現象であり，このような空間的な濃度差を増強する現象が起こる訳がない．

4.5.2　数値不安定性の直感的説明

これまで行ってきた，左辺に時刻 $t + dt$，右辺に時刻 t の項しか出てこないやり方を陽解法と呼ぶ．陽解法では，dt を大きくとりすぎると誤差がどんどん成長してしまう場合がある．これを数値不安定と呼ぶ．拡散方程式の陽解法の数値不安定性に関しては，以下のような説明ができる．ある程度以上タイムステップを長く取ってしまうと，数値計算上濃度の高い点から低い点への流出が多くなりすぎて，周辺の濃度の方がもとの点の濃度よりも高くなってしまう．これが一度生じると，次のタイムステップでも同じ点で確実に逆転が起こるため，各ステップごとに振幅が増えながら濃度が振動してしまう（図 4.3）．これが数値不安定性の直感的な説明である．

[*1] これを見て「先生，何か非自明な現象が起きています！」と嬉しそうに報告して来た学生さんが居た．後述のチューリング不安定性は拡散が引き金となって空間的なパターンを生じるので，その学生さんが要らぬ期待をしてしまったのも無理はない

4.5 数値誤差と陰解法

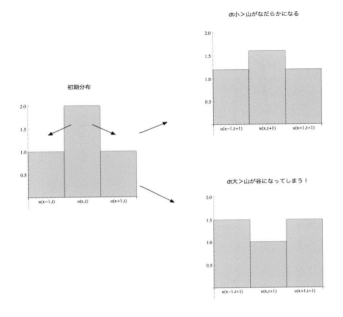

図 4.3　数値不安定性の直感的な説明.

4.5.3　陰解法の定義

ある微小領域に存在する分子が，短い時間 dt のあとどのような分布になるかを考える．時間 dt が十分短く，分子が隣の微小領域にしか伝播しない，と考えるのがこれまで行ってきたやり方で，陽解法と呼ばれる．

これを式で書くと

$$u(x, t+1) = u(x,t) + dt(u(x+1,t) + u(x-1,t) - 2u(x,t)) \tag{4.16}$$

となる．

対して，右辺の拡散項を表すのに

$$u(x, t+1) = u(x,t) + dt(u(x+1,t+1) + u(x-1,t+1) - 2u(x,t+1)) \tag{4.17}$$

として，時刻 $t+1$ の値を用いる方法がある．右辺の値が直接は決まらないので，すべての x で式を立てて，大きな連立方程式を解くことが必要になる．このように，右辺で明示的に次の値が出てこないやり方を陰解法と言う．

たいていの教科書ではこの定義だけ書いてあるので，「なぜ次の時刻の値を決めるのに，一ステップあとの値を使ってよいのか？」ということでハマる人が多い．多少わかりやすくするために

$$u' = D_u \Delta u \tag{4.18}$$

を数値計算でどのように書くかを考えてみる．左辺のみを離散化すると

$$(u(x, t+1) - u(x, t))/dt = D_u \Delta u \tag{4.19}$$

となっている．この場合の右辺の空間の二次微分を，時刻 t の値を使うか $t+1$ の値を使うかで陽解法か陰解法かに分かれる．別の言い方をすると，左辺の時間の一次微分を前進差分で表すか，後退差分で表すかによって陽解法か陰解法かに分かれる．

陰解法の利点

さて，このような陰解法を使うとどのようないいことがあるのだろうか？まず，一次元の数値計算の場合を考え，実際に陰解法と陽解法を表す行列を書いてみる．つまり，離散化した一次元の物質の濃度の空間分布を $\vec{u}(t)$ というベクトルで表したときに

$$\vec{u}(t+1) = B\vec{u}(t) \tag{4.20}$$

となるような行列 B を書いてみる．

まず，拡散の効果を現す行列 A を定義する．

```
In[79]:= A = RotateLeft[ IdentityMatrix[10]] +
         RotateRight[IdentityMatrix[10]] - 2 IdentityMatrix[10]
Out[79]= {{-2, 1, 0, 0, 0, 0, 0, 0, 0, 1},
         {1, -2, 1, 0, 0, 0, 0, 0, 0, 0},
         {0, 1, -2, 1, 0, 0, 0, 0, 0, 0},
         {0, 0, 1, -2, 1, 0, 0, 0, 0, 0},
         {0, 0, 0, 1, -2, 1, 0, 0, 0, 0},
         {0, 0, 0, 0, 1, -2, 1, 0, 0, 0},
         {0, 0, 0, 0, 0, 1, -2, 1, 0, 0},
         {0, 0, 0, 0, 0, 0, 1, -2, 1, 0},
         {0, 0, 0, 0, 0, 0, 0, 1, -2, 1},
         {1, 0, 0, 0, 0, 0, 0, 0, 1, -2}}
```

4.5 数値誤差と陰解法

陽解法の場合

$$\vec{u}(1) = \vec{u}(0) + dtA\vec{u}(0) \qquad (4.21)$$

より，

$$\vec{u}(1) = (I + dtA)\vec{u}(0) \qquad (4.22)$$

$$B = I + dtA \qquad (4.23)$$

となる．さまざまな dt について，この $I + dtA$ をプロットしてみる．

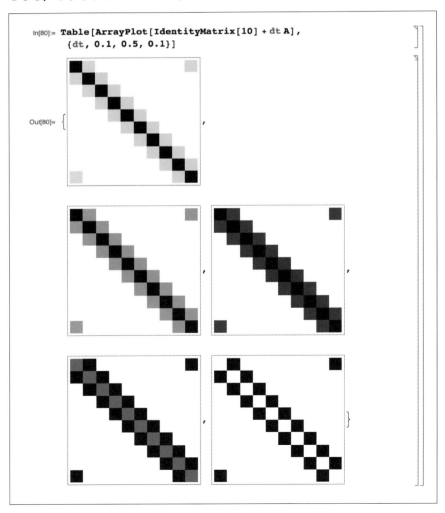

この行列は対称行列になっている．各行（B[[n]]）の意味を考えると，特定の時刻 t である特定の微小領域の中にいる分子が，次のタイムステップでどのように空間的に分布するか，を指定するベクトルになっている．

プロットを注意深く見てみると，dt を大きくすると，対角成分の値が，すぐ隣の値より小さくなっていくのがわかる．

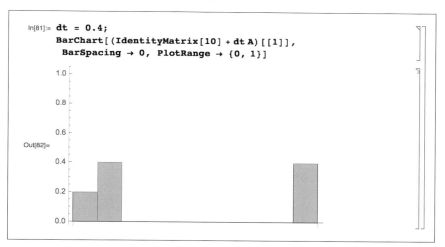

先ほど見たように，自分自身の値が周辺より小さくなってしまうので，これは明らかに拡散現象の表現としてはおかしい．

このような状況は，dt をどの程度大きくとったら起こるだろうか？まず一番単純な，$u(x,t)$ と $u(x+dx,t)$ の2つの微小領域の間の拡散を考える．$u(x,t)$ の濃度が高く，短い時間 dt のうちに濃度が下がっていく状況を考える．すると，数値計算上は dt 後の座標 x での濃度は

$$u(x, t+dt) = u(x,t) + D_u \frac{dt}{dx^2}(u(x+dx,t) - u(x,t)) \tag{4.24}$$

座標 $x+dx$ での濃度は

$$u(x+dx, t+dt) = u(x+dx,t) - D_u \frac{dt}{dx^2}(u(x+dx,t) - u(x,t)) \tag{4.25}$$

となる．しかし，あまり dt が長いと，$u(x.t+dt)$ と $u(x+dx,t+dt)$ の濃度が

逆転してしまう．実際には $u(x)$ と $u(x+dx)$ の濃度差が現象するにつれて濃度変化は現象していくはずである．

したがって，2点の場合は

$$u(x,t)+\frac{dt}{dx^2}(u(x+dx,t)-u(x,t)) < u(x+dx,t)-\frac{dt}{dx^2}(u(x+dx,t)-u(x,t)) \tag{4.26}$$

より，

$$D_u dt/dx^2 < 1 \tag{4.27}$$

という安定性の条件が出てくる．実際には，1次元の場合は両方から流入流出があるので

$$D_u dt/dx^2 < 1/2 \tag{4.28}$$

となる．この条件はシビアで，拡散係数が大きい場合は時間刻みを細かく取らないといけなくなり，計算時間がかかる．

次に，陰解法ではこの行列がどうなるか見てみよう．

$$\vec{u}(1) = \vec{u}(0) + dt A \vec{u}(1) \tag{4.29}$$

より，

$$\vec{u}(1) = (I - dtA)^{-1} \vec{u}(0) \tag{4.30}$$

となる．さまざまな dt について，この $(I-dtA)^{-1}$ をプロットしてみる．

第4章 モルフォゲンの濃度勾配

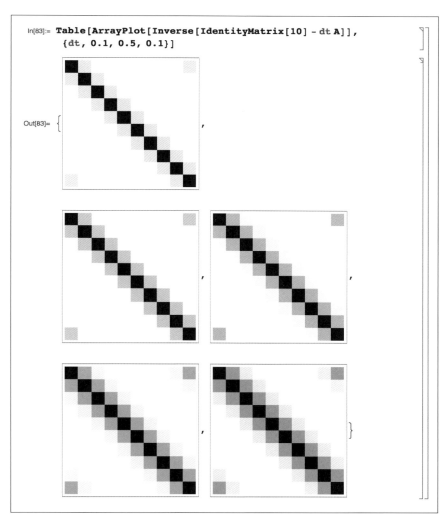

　この結果では，上のような，dt を大きくすると，ある時刻にある領域にいた分子が，時間 dt 後には広い範囲に分布している，という状態になっている．端的に言うと，隠解法では拡散を表すのに自分の隣の領域だけではなく全領域を使えるので，自分自身より周辺の方が分布が多くなってしまうような現象は起こらない．

4.5 数値誤差と陰解法

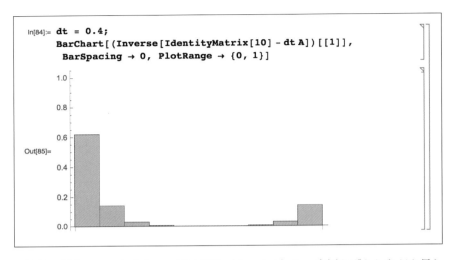

```
In[84]:= dt = 0.4;
        BarChart[(Inverse[IdentityMatrix[10] - dt A])[[1]],
         BarSpacing → 0, PlotRange → {0, 1}]
```

連続の場合，このような，一定の関数（カーネル）を，座標をずらしながら足し合わせていく操作を畳み込み積分と言う．

この陰解法のカーネルを用いて拡散現象を再現してみよう．まず初期状態を定義する．

```
In[86]:= initialDistribution = Table[If[3 < i < 7, 1, 0], {i, 1, 10}]
Out[86]= {0, 0, 0, 1, 1, 1, 0, 0, 0, 0}
```

時間刻みを定義する．

```
In[87]:= dt = 0.5;
```

1 ステップ分の変化を計算する関数を作る．ここで，「.」は行列とベクトルの積を表す．

```
In[88]:= oneStep[l_] := (Inverse[IdentityMatrix[10] - dt A]) . l
```

```
In[89]:= result = NestList[oneStep, initialDistribution, 50];
```

第 4 章 モルフォゲンの濃度勾配　63

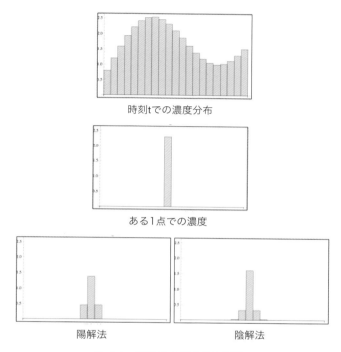

図 4.4　隠解法の直感的な説明.

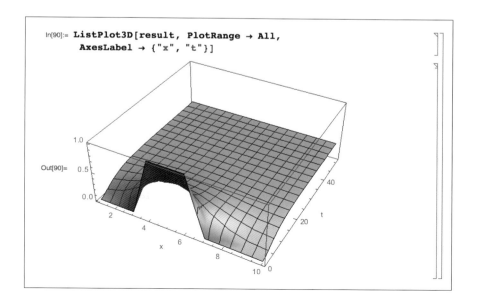

最初の山が崩れて平坦になっていく現象が再現できているのがわかる．

4.6 応用例：遺伝子量に対する濃度勾配のロバストネス

さて，これまで長々と書いて来たが，要はモルフォゲンを産生している領域の近くでは濃度が高い，というだけではないか，こんな面倒な事をしなくても充分本質はわかるではないか，このような単純な現象を定式化して何か意味があるのか？という疑問は当然あると思う．しかし，実は一見自明のように見えて，実はよく考えるとわからない現象はたくさんある．

先ほど出て来た，神経管の背腹軸の分化を決定する Shh という分子は，他の様々なところでも濃度勾配を作ってモルフォゲンとして働いている．この遺伝子を働かなくしたノックアウトマウスが 1996 年に作製されたが，このマウスの，二つある遺伝子座の片方だけなくなった個体には，ほとんど全くといっていいほど形の異常が出ない [11]．

発生業界に長く居ると，まあ劣性遺伝でそんなもんか，と何となく受け入れてしまうのだが，よく考えるとこれは変な話である．というのは，このノックアウトマウスのうち，遺伝子座の一つだけがなくなっているもの（Shh (+/-)）では mRNA レベルで Shh の産生量が半分になることがわかっている．もしも Shh がモルフォゲンとして働いているとすると，産生量が倍になれば，濃度分布のプロフィールは劇的に変わるはずである．

4.6.1 数値計算

実際に実験してみよう．SDD モデルの濃度勾配を作り，通常の濃度プロフィールを `wtPlot` という名前で保存する．区別のため，こちらはデータ点をつなげて表示する．

第 4 章　モルフォゲン の濃度勾配

```
In[91]:= dx = 0.05; dt = 0.1; Du = 0.01; deg = 0.5;
    u0 = Table[0, {i, 1, 1/dx, 1}];
    up = Table[0, {i, 1, 1/dx, 1}]; up[[1]] = 1;
    Du = .01;
    left[u_List] := Prepend[Drop[u, -1], u[[1]]]
    right[u_List] := Append[Drop[u, 1], u[[-1]]]
    diffusion[u_] := Du (left[u] - u + right[u] - u) / dx / dx
    dudt[u_] := u + dt (up - deg u + diffusion[u]);
    u = NestList[dudt, u0, 1000];
    wtPlot = ListPlot[u[[-1]], AxesLabel → {"x", "u"},
      PlotRange → All, Joined → True];
```

次に，Shh の産生量が 1/2 になった場合の濃度プロフィールをプロットして，hetPlot という名前で保存する．こちらは点線のままにしておく．

```
In[100]:= up[[1]] = 0.5;
    u = NestList[dudt, u0, 1000];
    hetPlot = ListPlot[u[[-1]], AxesLabel → {"x", "u"}];
```

これらを並べて表示してみる．

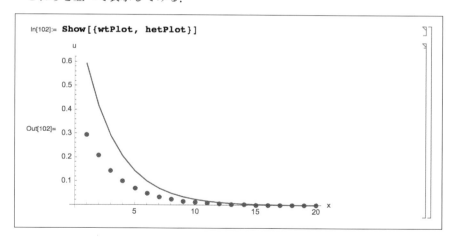

ほぼ至る所で濃度が半分になっている．細胞がこの濃度を読み取って解釈しているとすると，これだけプロフィールが違ったら体の様々なところで形の異常が生じそうなものだが，実際にはこれらの個体はほとんど異常がない．これは一体どういう事であろうか？

4.6 応用例：遺伝子量に対する濃度勾配のロバストネス

この疑問に対してある仮説を提唱したのが Barkai らのグループである [12]. 彼らは，

1. モルフォゲンの分解がモルフォゲンの量に非線形に依存する（モルフォゲン量が多い場合，分解が濃度と単純な比例関係ではなくもっと速くなる）
2. モルフォゲン の産生量が比較的多い

という 2 つの条件が満たされる場合，モルフォゲンの産生量が 1/2 になっても濃度のプロフィールがほとんど変わらない，ということが起こりうることを示した. 俄には信じがたいと思われるので，実際に数値計算を行ってみよう．先ほどと同様，分解の項を u ではなく u^2 に比例させる．

まず，野生型のプロフィールを計算する．

```
In[103]:= dx = 0.05; dt = 0.1; Du = 0.01; deg = 20;
    u0 = Table[0, {i, 1, 1/dx, 1}];
    up = Table[0, {i, 1, 1/dx, 1}]; up[[1]] = 2;
    Du = .01;
    left[u_List] := Prepend[Drop[u, -1], u[[1]]]
    right[u_List] := Append[Drop[u, 1], u[[-1]]]
    diffusion[u_] := Du (left[u] - u + right[u] - u)/dx/dx
    dudt[u_] := u + dt (up - deg u^2 + diffusion[u]);
    u = NestList[dudt, u0, 1000];
    wtPlot = ListPlot[u[[-1]], AxesLabel → {"x", "u"},
      PlotRange → All, Joined → True];
```

次に，産生項 up が半分になった系の計算をする．

```
In[112]:= up[[1]] = 1;
    u = NestList[dudt, u0, 1000];
    hetPlot = ListPlot[u[[-1]], AxesLabel → {"x", "u"},
      PlotRange → All];
```

これらを並べて表示してみる．

第4章 モルフォゲンの濃度勾配　67

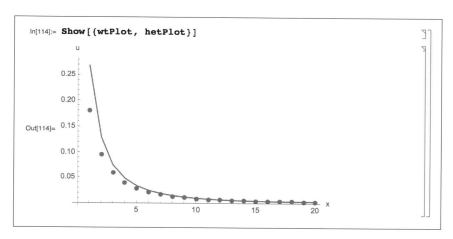

　先ほどと比べて，産生量が半分になってもそれほど分布が変わらないことがわかると思う．なぜこのようなことが起こるのだろうか？これは，実は数値計算をいくらやってもわからない．きちんと支配方程式を解析的に扱って理由を追及する必要がある．

4.6.2　数理解析

　まず，支配方程式の解析解をきちんと求めてみる．定常状態での支配方程式は

```
In[115]:= Clear[u, Du, deg, up]
```

```
In[116]:= solution =
    DSolve[{Du D[u[x], {x, 2}] - deg u[x] == 0, u'[0] == -up / Du},
    u[x], x]
```

$$\text{Out[116]= } \left\{\left\{u[x] \to \frac{e^{-\frac{\sqrt{\text{deg}}\, x}{\sqrt{\text{Du}}}}\left(\text{up} + \sqrt{\text{deg}}\,\sqrt{\text{Du}}\, C[1] + \sqrt{\text{deg}}\,\sqrt{\text{Du}}\, e^{\frac{2\sqrt{\text{deg}}\, x}{\sqrt{\text{Du}}}} C[1]\right)}{\sqrt{\text{deg}}\,\sqrt{\text{Du}}}\right\}\right\}$$

4.6 応用例：遺伝子量に対する濃度勾配のロバストネス

ここで，右端の境界条件を単純化のために

$$u(\infty) = 0 \tag{4.31}$$

としてしまう．すると，$e^{\frac{2\sqrt{\deg}x}{\sqrt{D_u}}}$ は $x \to \infty$ で発散してしまうので，この項の係数 C[1] は 0 でないといけない．したがって，

```
In[117]:= u[x_] := up e^(-√deg x/√Du) / (√deg √Du)
```

となる．

```
In[118]:= Du = 0.1; deg = 20; up = 1;
```

```
In[119]:= wtPlot = Plot[u[x], {x, 0, 1}, PlotRange → All];
```

```
In[120]:= up = 0.5;
```

```
In[121]:= hetPlot = Plot[u[x], {x, 0, 1}, PlotRange → All,
          PlotStyle → Dashed];
```

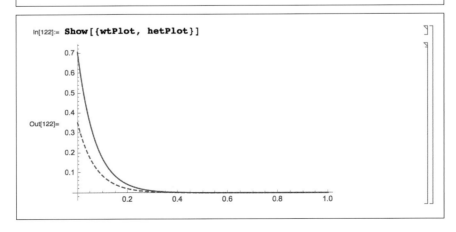

この式の形をよく見ると，右辺は u_p に比例していることがわかる．つまり，u_p が半分になると，モルフォゲンの濃度勾配のすべての部分で濃度が半分になる．

さて次に，モルフォゲンの分解項が非線形の場合の解析解を導出して（させて）みる．

```
In[123]:= Clear[u, Du, deg, up]
```

```
In[124]:= solution = DSolve[{Du D[u[x], {x, 2}] - deg u[x]^2 == 0},
          u[x], x]
```

$$\text{Out[124]}= \left\{\left\{u[x] \to \frac{6^{1/3} \text{WeierstrassP}\left[\frac{\left(\frac{\deg}{Du}\right)^{1/3}(x+C[1])}{6^{1/3}}, \{0, C[2]\}\right]}{\left(\frac{\deg}{Du}\right)^{1/3}}\right\}\right\}$$

直接算出しようとすると恐ろしい式が出てきてしまう．そこで方針を変更して，既知の解がこの支配方程式を満たす事を示す．この支配方程式の解は

$$u(x) = \frac{a}{(x+b)^2} \tag{4.32}$$

という形をしている．a, b はパラメータである．これら a, b を既知のパラメータでどのように表せるか考える．

まず，この解がある条件下で支配方程式を満たす事を確かめる．

```
In[125]:= Du D[u[x], {x, 2}] - deg u[x]^2 /. u[x] -> a / (x + b)^2
```

$$\text{Out[125]}= -\frac{a^2 \deg}{(b+x)^4} + Du\, u''[x]$$

分母が一緒なので，見るからにうまく a, b を選んだら 0 になりそうである．これを *Mathematica* に解かせてやる．

```
In[126]:= Solve[- a^2 deg / (b + x)^4 + 6 a Du / (b + x)^4 == 0, {a, b}]
```

$$\text{Out[126]}= \left\{\{a \to 0\}, \left\{a \to \frac{6\,Du}{\deg}\right\}\right\}$$

4.6 応用例：遺伝子量に対する濃度勾配のロバストネス

一つ目の解はすべての点で $u(x) = 0$ となる事を表すので，二つ目の解が正しい．次に，境界条件で，左からのモルフォゲンの産生を表現する．まず，$x = 0$ での濃度プロフィールの傾きを算出する．

```
In[127]:= D[a / (x + b)^2, {x, 1}] /. x → 0
Out[127]= -2a/b^3
```

これが $-u_p/D_u$ でないといけないので，

```
In[128]:= Solve[-2a/b^3 == -up/Du, b]
Out[128]= {{b → -(-2)^(1/3) a^(1/3) Du^(1/3) / up^(1/3)},
           {b → 2^(1/3) a^(1/3) Du^(1/3) / up^(1/3)},
           {b → (-1)^(2/3) 2^(1/3) a^(1/3) Du^(1/3) / up^(1/3)}}
```

b は正の実数なので，a の値を入れて整理する．

```
In[129]:= FullSimplify[2^(1/3) a^(1/3) Du^(1/3) / up^(1/3) /. a → 6 Du/deg]
Out[129]= 2^(2/3) 3^(1/3) Du^(1/3) (Du/deg)^(1/3) / up^(1/3)
```

```
In[130]:= a / (x + b)^2 /. {b → 2^(1/3) a^(1/3) Du^(1/3) / up^(1/3)} /. a → 6 Du/deg
Out[130]= 6 Du / (deg (2^(2/3) 3^(1/3) Du^(1/3) (Du/deg)^(1/3) / up^(1/3) + x)^2)
```

さて，ここで，モルフォゲンの産生量をどんどん大きくしていったときどうなるか見てみよう．a は u_p とは無関係である．b は，分母の値がどんどん大きくなっていくことになるので，0 に収束する．

つまり，モルフォゲンの産生量が多い場合，濃度プロフィールはある関数に向かって収束していく．これを実際に見てみよう．

```
In[131]:= u[x_, up_] := 6 Du / (deg (2^(2/3) 3^(1/3) Du^(1/3) (Du/deg)^(1/3) / up^(1/3) + x)^2);
```

```
In[132]:= Du = 0.1; deg = 20;
```

u_p を 1 から 10 まで増加させて，グラフがどのように変化するか見てみる．Hue[] というプロットオプションを使って，u_p が大きいと色がオレンジ＞緑＞青＞赤と変化するようにしてある．

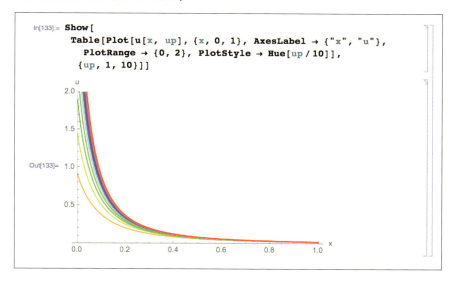

このように，濃度プロフィールは u_p を増加させていくとある一定の曲線に向かって収束していく．この収束する手前では，u_p が 2 倍程度変わってもほとんどプロフィールが変わらない，ということが起こりうる．これが，前述の論文の中の仕掛けである．

4.6.3 実験的検証

さて，このように原理がわかると実際に実験的に検証ができる．たとえば，Shh (+/−) には全く異常がないと言われてはいるが，実際にはよく調べたら細かい異常が発見される事がある．また，人間では実はこの変異は優勢で，遺伝子量が半分になると単眼症（holoprosencephaly）という症状が起きる．このような異常は，どのような部位に生じやすいかを考えると，前述の条件では，Shh の産生が少ないところで多いと思われる．

また，前の章で説明したようなことが起こっている場合，mRNA の産生量は半分になっていても，実際に存在する蛋白質の量は野生型と Shh (+/−) でほとんど変わらないことが予想される（`WtPlot` と `hetPlot` がほとんど一緒になるため）．

上述のモデルの数理解析から考えると，Shh の発現量が少ない領域の方が，mRNA の発現量の変化に対して濃度勾配のプロフィールが変化しやすいという仮説を立てることができる．この仮説を検証するため，経験的に Shh の発現量が非常に多い肢芽と，Shh の発現量が比較的少ない肺に関して，Shh (+/−) と野生型で Shh の mRNA と蛋白質の濃度を定量してみた．先ほどのモデルが正しければ，mRNA 量は双方で半分になっていても，蛋白量の減少は肢芽より肺のほうが顕著である，という予測ができる．そこで，mRNA 量と蛋白量を実際に real-time PCR と ELISA で定量してみた．すると困った事に，発現量の多い少ないに関わらず，Shh (+/−) マウスでは蛋白量のレベルでも半分になっていることがわかった (図 4.5)．

これではなぜ形の異常が出ないのかの説明自体が成り立たない．シグナルの入力を Ptc の発現量で見てみると，Shh (+/−) でもほとんど変わらない (図 4.6)．従って，この段階ではすでに蛋白の差による影響は何らかの形で代償されているようだ[*2]．

[*2] これは何か妙である，という事で，著者の Naama Barkai さんに直接聞いてみた．2009 年にエジンバラで行われた国際発生生物学会で会う機会があったので，実験データを見せながら相談をしてみた．しかし困った事に，本人はこのモデルについて既にあまり覚えていないようで，「え，線形の分解の系でどうしてトータルのタンパク量が半分になるってわかるの？」と逆に聞かれたりした．何度か似たような経験をしたので思うのだが，ちゃんとした理論家は理論を作るまでが仕事で，論文を出した瞬間に内容をきれいに忘れていた

第 4 章 モルフォゲン の濃度勾配　73

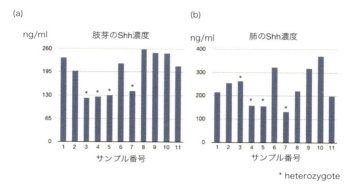

図 4.5　Shh (+/−) マウスでの Shh 蛋白量の変化．Heterozygote (*) で発現量の低下がみられる．(a) 肢芽．(b) 肺．

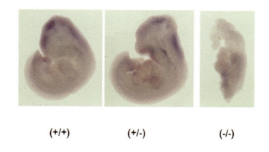

図 4.6　Shh (+/-) マウスでの ptc 遺伝子の発現．(+/+) と (+/−) でほとんど差が見られない．

　ある仕掛けである現象が再現できる，という事と，その仕掛けが実際に使われている，ということにはかなりの距離がある．どんなによくできているモデルでも，実際の実験で整合性がある結果が出ないと困る．ただ，外れた仮説に完全に意味がないかというと，全く別の文脈でこのメカニズムが使える可能性がある．

　　りする（実験屋でもそういう人は居るが...）．実験的検証はきちんと生物学的直感を持った生物屋さんがやるべきである．人が作った理屈をたどるのは，作るのに比べてそれほど難しくない（こともある）．

4.7 チューリング vs. ウォルパート - 自発的パターン形成と濃度勾配モデル

濃度勾配と，第 6 章で述べる自発的パターン形成は，対立軸として語られる事が多い [13]．伝統的な濃度勾配を用いた形態形成の説明では，ではそのモルフォゲンを産生する領域はどう決定されているのか？という問いは解決されておらず，堂々巡りに陥って「形がなぜできるか」の根源的な問いの答えにはなっていない，自発的パターン形成を用いた説明が必要である，というような批判は常にある．また逆に，生物の複雑な形態を説明するためには，チューリング不安定性のような周期構造しか出てこないような単純なものでは駄目で，むしろ濃度勾配の組み合わせの方が妥当である，という考え方もある．

しかし，濃度勾配モデルが常に自明かというと，意外とそうでもない．もともとウォルパートが説明しようとしたのは，スケール不変性という概念である [7]．胎児の大きさには固体差がある．それでも正しいプロポーションで構造が形成されるのはなぜだろうか？というのが彼のオリジナルの問いである．これは実はいろいろなやり方があり，それほど自明ではない．ウォルパートらは産生と分解が一定の場所だけで起きると仮定して，ソース-シンク・モデルを提唱した．これなら一次元であれば解はただの一次関数となり，系のサイズに依存しない．Othmer らはチューリングパターンをうまく使って，系のサイズを境界からの物質の出入りで算出するようなモデルを書いている [14]．石原らも同様に，何らかの保存量が細胞中に存在するという仮定から，サイズが変わっても正しいプロポーションを維持する仕組みを考えている [15]．

どちらの陣営なのか，研究者によってきれいに色分けできる事が多い．数学ベースの人はやはり不安定性による非自明な現象が好きなので Turing 派，物理や生物がホームグラウンドの人は Wolpert 派，という気がする（ちなみに Alan Turing は数学者，Lewis Wolpert は土木工学の出身である）．私はどちらでもなく，使っている数学的な枠組みは実は一緒なので，興味と必要に応じて使い分ければ良い，と考えている．系によっては，両方の機構が同時に働いている場合もありうる [13]．

第5章

拡散を測る

5.1 細胞間のシグナル伝達

　細胞は周囲の細胞と相互作用をしながら生理的な機能を実現している．これらの作用様式は様々だが，その中の一つに拡散性のシグナル因子を介した情報伝達がある．これは，生理活性のある蛋白質その他の分子（リガンド）が，細胞表面にあるレセプターと呼ばれる蛋白質と結合して細胞内にシグナルを伝える，という仕組みになっている．前章で述べたモルフォゲンがその代表である．

　発生生物学で出てくる拡散性のシグナル因子は，どういう訳か非常に種類が限られている．ソニックヘッジホッグ（Sonic Hedgehog, Shh），線維芽細胞増殖因子（Fibroblast Growth Factor, FGF），骨形成タンパク質（Bone Morphogenetic Protein, BMP），Wnt の 4 種類の拡散性のシグナル因子が繰り返し様々な器官形成で使われている．拡散性のシグナル因子は他にも沢山あるのに，なぜこれらの因子が頻繁に使われているのかよくわかっていない．

　分泌性のシグナル因子は細胞外に出てどのように拡散するのか，これまでその実態は明らかではなかった．要因の一つは技術的な問題である．遺伝子の発現パターンを見る簡便な方法として *in situ* hybridization という技術があるが， mRNA の分布が見えるだけで，蛋白質が細胞外で広がっていく様子は見ることができない．蛋白分子の局在を見る方法には免疫染色というものがあるが，拡散している物質をとらえることはできない（抗体と反応させているうちに流れてなくなって

しまう).また,拡散性のシグナル因子は通常生理活性が高く,非常に少量しか細胞外に分泌されないため,きちんと可視化するのは非常に難しい.代替案としてシグナルの下流の入力を可視化することによって分子の挙動を推定して来ていたが,GFPテクノロジーの進化によって,ようやくごく最近になって実際の拡散性のシグナル因子の計測が行われるようになってきた.目的の蛋白質にGFP (Green Fluorescent Protein, 緑色蛍光蛋白)と呼ばれる,紫外光を当てると蛍光を発する蛋白質を融合させてやって,その移動を追いかけるものである.実際やってみるとGFPの方が観察したい蛋白質よりも大きいので,本当に生体内の拡散動態を反映しているのか,とか,GFPと目的の蛋白質が切れていないのか,とか,様々な技術的なハードルがある.

このような定量的な計測は一体何のために行われるのか疑問に思われる方もいるかもしれない.しかし,拡散係数は,細胞外のシグナル因子の濃度勾配の大きさを決定する上で大変重要である.たとえば,拡散係数を d, 分子の失活するまでの時間を t とすると,形成される濃度勾配の大きさのスケールは,次元をあわせて

$$\sqrt{dt} \tag{5.1}$$

で表すことができる.したがって,拡散がどの程度のオーダーなのかを知る事は,かたちづくりのメカニズムを知る上で非常に大事になってくる.ちなみに,水溶液中での拡散性のシグナル因子の拡散係数は $100\mu m^2/s$ 程度である.数字だけ見てもピンと来ないと思うが,これは大づかみに言うと,1秒間に $10\mu m$ 程度動いてしまう,ということになる.発生段階における濃度勾配の形成の時間オーダーは10時間,空間オーダーは $100\mu m$ 程度である.桁だけみて考えると,水溶液中の拡散係数よりも2桁程度小さくないとおかしい,ということになる.したがって,生体内では,物質の拡散を遅くする何らかの機構が働いていることになる.

それでは,このような分子の拡散係数を計測するにはどのような方法があるのだろうか?現在よく使われている物を列記すると,

- 直接計測
- FRAP(蛍光褪色後回復法, Fluorescence Recovery After Photobleach-

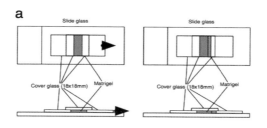

図 5.1　ゲル内での分子の拡散を観察する簡単なデバイス．

ing)
- FCS (蛍光相関分光法, Fluorescence Correlation Spectroscopy,)

がある．それぞれについて簡単に説明する．

5.2　直接計測

　直接計測は，細胞に GFP を融合させたシグナル因子を強制的に作らせて，ある時点での蛍光の広がり方を，拡散方程式の解とフィッティングさせて拡散の状態をえる，というやり方である．例えば，ものすごく単純化したやり方として，図 5.1 のようなマイクロ流路系を作ってみる．

　「マイクロ流路系」とたいそうな呼び方をしてしまったが，これはスライドグラスを積み重ねて間にゲルを流し込んで固め，最後にスライドグラスを少しずらしたもので，手先がちょっと器用なら誰でも作れる．これで左側の空いた部分に蛍光蛋白を解かした溶液を流し，一定間隔で蛍光物質の分布を測定する．とくに計算をしなくても，流路からゲル層にじわじわと蛍光物質が浸透していくであろうことはわかる．この流路系での蛍光の分布の変化は図 5.2 のようになる．

　では，その浸透の速さはどのくらいなのだろうか？第 4 章で行ったような簡単な数値計算を実際に作ってみる．まず，数値計算のパラメータを指定する．

```
In[1]:= dx = 1; dt = 0.1; du = 1; gridNumber = 100/dx; tau = 10;
```

蛍光物質の初期状態を定義する．

5.2 直接計測

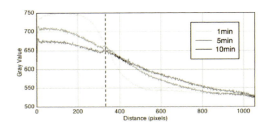

図 5.2　図 5.1 のデバイス内の蛍光物質の分布の計測結果.

```
In[2]:= u0 = Table[0, {20}]
Out[2]= {0, 0, 0, 0, 0, 0, 0, 0, 0, 0, 0, 0, 0, 0, 0, 0, 0, 0, 0, 0}
```

```
In[3]:= diffusion[l_] := Append[Drop[RotateLeft[l] - l, -1], 0] +
        Prepend[Drop[RotateRight[l] - l, 1], 0];
```

次に，短い時間に物質が拡散する動きの関数を定義する．今回は，片方（左端）は溶液からの物質の供給を受けて常に濃度が一定（= 1）であるとする．もう片方の領域の境界から物質が出て行くことはないとする．

```
In[4]:= dudt[l_] := Module[{l2},
        l2 = l + du dt diffusion[l] / dx / dx;
        l2[[1]] = 1;
        l2]
```

```
In[5]:= result = NestList[dudt, u0, 100];
```

```
In[6]:= resultTable =
        Table[ListPlot[result[[i]], Joined → True, PlotStyle → Hue[i / 100],
         PlotRange → {0, 1}], {i, 1, 100, 10}];
```

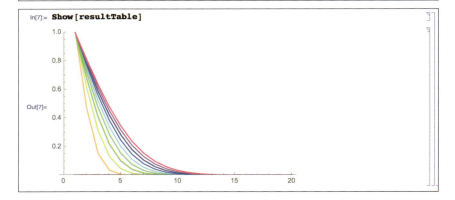

このように，実験的に計測されたような濃度勾配の形成を再現できる．この曲線と実験結果をフィッティングする事で拡散係数を見積もる事ができる．しかし，もっと簡単にオーダーのみを推定するやり方として次元解析がある．これは，系の中のパラメータの単位を合わせるだけで知りたい量のオーダーを推測する方法である．濃度勾配を形成してから経過した時間を t, 拡散長（濃度が大体一桁下がるまでの長さ）を l とすると，拡散係数は（長さ）^{2}/時間 という単位を持っているので，だいたい l^2/t のオーダーであると推定できる．

5.3 FRAP(蛍光褪色後回復法)

レーザーで蛍光蛋白をしばらく観察しているとだんだん蛍光が暗くなる．これは，色のついた物をずっと日光に当てておくと色あせていくのと同じ現象である．これをうまく使って共焦点顕微鏡で拡散係数を求めるやり方がFRAP (蛍光褪色後回復法) である．

原理としては以下のようになる．まず，計測したい視野内に何らかの方法で蛍光ラベルされた蛋白質を発現させておく．一番最初の蛍光の分布を計測しておいてから，パワーを思い切り上げて視野の中の小さな領域だけレーザーを当てる．すると，その小さな領域の中の蛍光物質は，強い光が当たる事で蛍光が退色してしまい，その部分だけ次に光を当てても光らなくなる（図5.3）．その後，その領域を一定時間置きに観察していると，周辺から拡散によって蛍光分子が流入する事によって，色が抜けた領域の蛍光が徐々に回復していく．この回復の早さを調べる事で，その蛍光物質の拡散の速度を測る，というものである．

例えば，ゲルの薄膜内に蛍光物質を浸透させたものを作る．その後，ゲル内の領域の一部を退色させて，しばらく待っていると蛍光がどんどん回復していく．

この過程をモデル化してみよう．まず，ブリーチをかけた直後の分布を $u0$ とする．

```
In[8]:= u0 = Table[If[8 < i < 13, 0, 1], {i, 1, 20}]
Out[8]= {1, 1, 1, 1, 1, 1, 1, 1, 0, 0, 0, 0, 1, 1, 1, 1, 1, 1, 1, 1}
```

次に，短い時間に物質が拡散する動きの関数を定義する．今回は，両端とも，外

80   5.3 FRAP(蛍光褪色後回復法)

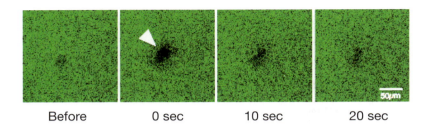

Before　　　0 sec　　　10 sec　　　20 sec

図 5.3　ゲルの薄膜内での拡散性のシグナル分子の回復過程

部からの物質の供給を受けて常に濃度が一定（= 1）であるとする．

```
In[9]:= diffusion[l_] := Append[Drop[RotateLeft[l] - l, -1], 0] +
        Prepend[Drop[RotateRight[l] - l, 1], 0];
```

```
In[10]:= dudt[l_] := Module[{l2},
        l2 = l + du dt diffusion[l];
        l2[[1]] = 1; l2[[-1]] = 1;
        l2]
```

```
In[11]:= result = NestList[dudt, u0, 500];
```

```
In[13]:= resultTable =
        Table[ListPlot[result[[i]], Joined → True, PlotStyle → Hue[i/500],
          PlotRange → {0, 1}], {i, 1, 500, 50}];
```

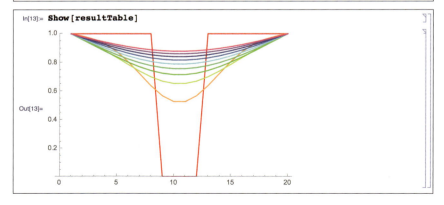

この場合，ブリーチをかけた領域の回復曲線は以下のようになる．

```
In[14]:= fluorescenceAtTime[i_] := Sum[result[[i, j]], {j, 9, 12, 1}];
```

```
In[15]:= fluorescenceChange = Table[fluorescenceAtTime[i], {i, 1, 500}];
```

ブリーチ前は周辺と同じ濃度とすると，一番最初の値は4となるはずである．

```
In[16]:= fluorescenceChange = Prepend[fluorescenceChange, 4];
```

ここから，蛍光強度の時間変化を描くと以下のようになる．

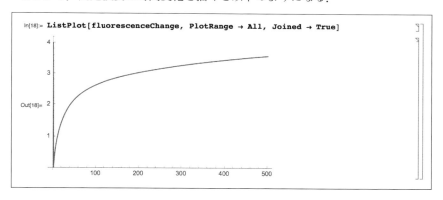

これと実際の回復曲線（図5.4）を見比べてみよう．少し感じが違うのに気がつくはずだ．

何が違うかというと，実際の実験データでは回復曲線は上がりきらず，途中で終わっている．これは，観測している蛍光分子の成分の中に，ほとんど動かない一群の分子がいて，彼らが退色してもほとんど戻らないことを意味する．このような可動成分と不動成分の分離が簡単にできるのがFRAPの大きな特長である．

この「動かない」というのは，計測する時間の長さ／面積のスケールによる．例えば，1分の計測では平衡に達したと思われても，1時間ずっと計測を続けると最終的には動いている，ということが起こりうる．また，非常に小さいブリーチ半径で計測をすると，広い領域で計測するときに比べて回復が早くなるので，同じ拡散係数でも短時間で計測をすることが出来る．パラメータの次元解析で考えると，拡散係数の単位はm^2/sである．従って，ブリーチ面積をa,計測時間をbと

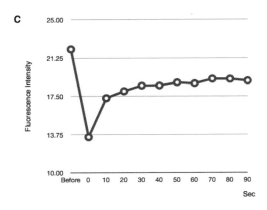

図 5.4　実際の FRAP の計測結果.

すると，ほぼ $\sqrt{ab}$ のスケールの拡散現象しか計測することができない..

5.4　FCS(蛍光相関分光法)

　次に紹介する FCS は，最初に紹介した 2 つの方法とは根本的に異なるやり方をする．FCS では，ごく狭い範囲で蛍光を励起し，その中を通過する蛍光分子の揺らぎから拡散係数を測定する，というものである．

　狭い領域では，分子の少数性というのは意外と効いてくる．我々が高校で習うアボガドロ数（1 モルあたりの分子の数）は 6.0×10^{23} という膨大な数である．こんな数あったら，めちゃめちゃ薄めないと個々の分子の挙動は平均化されて見えないんじゃないの？と思いがちである．しかし，1M とは，1 リットルあたりに分子が 1 モル存在するという意味である．1 リットルは，大きさで言うと 10cm 角の立方体である．1μm 角の立方体の中に入る分子の数を考えると，$4 \times 3 = 12$ 桁下がる．また，通常の蛋白質の生理活性濃度が　100nM 以下であることを考えると，更に 8〜9 桁下がる．そうすると，領域内の分子の数が数百個のオーダーとなって，何とか数えられるのでは？というゾーンに入ってくる．

　この原理を簡単に理解するため，ランダムウォークの系を作ってみる．これは，個々の分子の座標を定義して，それらの粒子が短い時間 dt の間に右か左の格子に

それぞれ確率 p で移る，という枠組みである．まず，移動確率と系の大きさ，時間区切り，数値計算の長さを定義する．

```
In[18]:= p = 0.01; dt = 0.1; dx = 0.1;
     simulationLength = Round[1000 / dt];
```

次に，各粒子の座標 r を定義する．まず，拡散現象の特徴を見るため，すべての粒子が同じ座標からスタートすると仮定する（下の数値計算結果の最初の図を参照）．

```
In[19]:= r = Table[50, {1000}];
```

次に，各粒子が短い時間の間どのように動くかの関数を定義する．これは，乱数 a を定義して，確率 p を用いて下のように書ける．

```
In[20]:= f[x_] := Module[{},
     a = RandomReal[];
     Which[a < p, x - 1, a > 1 - p, x + 1, True, x]
     ]
```

この関数を粒子の座標全体に適用するための関数を定義する．

```
In[21]:= g[r_] := Map[f, r];
```

この関数を，時刻 0 の座標に繰り返し適用してやる事で，多数の粒子の運動を計算してやる．

```
In[22]:= result = NestList[g, r, simulationLength];
```

この計算で出てくるのは，多くの粒子の座標の軌跡だが，実際に見たいのは全体としてどの座標に粒子が何個ずつ入っているか，その空間分布である．これを計算するために，Histogram[] 関数を定義する．

84　5.4　FCS(蛍光相関分光法)

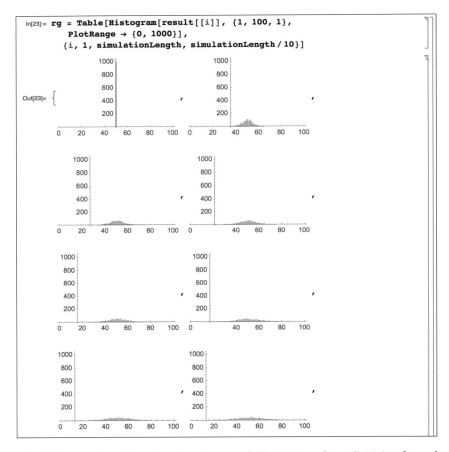

山が崩れていくのがわかる．このように，各粒子がランダムに動き回る系は，全体として拡散過程としてみることができる．

この過程の p と，溶液の拡散係数 D の関係を考える．格子サイズを dx とすると，n 番目の格子での単位時間あたりの濃度変化は

$$(D(u(n+1) + u(n-1) - 2u(n))/dx/dx \tag{5.2}$$

で表される．n 番目の格子での単位時間あたりの濃度変化は，左右の格子から流

入してくる分子数と，格子から出て行く分子数を考えて，

$$(u(n+1)p + u(n-1)p - 2u(n)p)/dx \tag{5.3}$$

で表される．これらを比較して，$pdx = D$ となる．したがって，p と拡散係数は比例する関係にある．

次に，領域の中で比較的少数の粒子が，時刻 0 で均等に分布していて，それらがランダムに動き回る状況を考える．まず，最初の粒子群の座標を完全にランダムに与える．

```
In[24]:= r = Table[RandomInteger[{1, 100}], {500}];
```

次に，粒子の移動の関数を再定義する．この場合，先ほどと違って領域の近傍にも粒子が存在するため，粒子が境界の端まで動いたら逆方向に出てくる，周期境界条件を使う．これは，剰余系（`Mod[]`）を使う事で簡単に実装できる．

```
In[25]:= g[r_] := Mod[Map[f, r], 100, 1];
```

この関数を繰り返し適用する事で，粒子の運動を計算する．

```
In[26]:= result = NestList[g, r, simulationLength];
```

この計算結果をヒストグラムを用いて可視化してみる．

86   5.4 FCS(蛍光相関分光法)

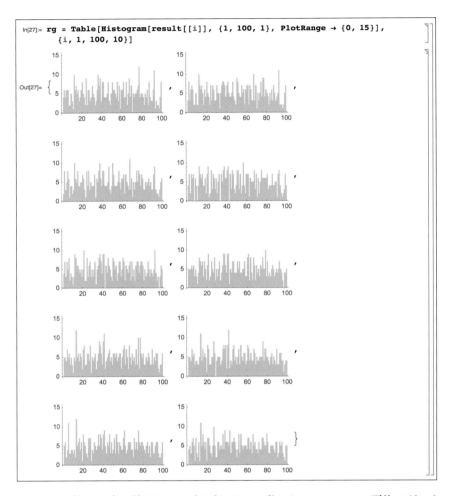

　100 個の格子の中に粒子を 500 個ばらまいて動かしているので，平均はだいたい一格子あたり 5 個になるのだが，時刻によって相当ばらつくのがわかる．

　このなかの座標 50 を FCS の観察区間とする．ヒストグラムを作ったとき，各ビンの粒子数を算出するには `BinCounts[]` を使う．例えば，時刻 0 での各点での粒子数は以下のようになる．

```
In[28]:= BinCounts[result[[1]], {1, 100, 1}]
Out[28]= {4, 6, 4, 6, 6, 6, 2, 2, 5, 3, 1, 10, 6, 7, 5, 6, 3, 4, 6, 8, 5, 4, 2, 9, 2, 6,
    6, 3, 4, 7, 5, 4, 2, 3, 6, 10, 7, 9, 3, 8, 8, 4, 4, 4, 5, 8, 3, 2, 5, 8,
    6, 6, 5, 4, 8, 3, 7, 1, 6, 6, 8, 4, 4, 8, 2, 5, 9, 4, 7, 0, 5, 4, 5, 5, 6,
    7, 12, 4, 5, 5, 4, 2, 5, 4, 6, 2, 8, 4, 3, 3, 6, 11, 1, 3, 2, 2, 1, 4, 8}
```

従って，このなかの一点の値の時間経過を計算する関数を定義する．

```
In[29]:= intensity50[i_] := BinCounts[result[[i]], {1, 100, 1}][[50]]
```

```
In[30]:= intensity = Table[intensity50[i], {i, 1, simulationLength}];
```

この関数を使って，ある一点での蛍光の観測値の時系列を作る．

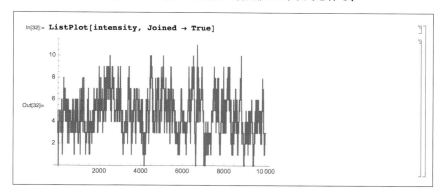

次に，蛍光強度の平均を算出する．

```
In[32]:= meanIntensity = Sum[intensity[[i]], {i, 1, Length[intensity]}] /
    Length[intensity]
Out[32]= 4056/625
```

```
In[33]:= M = Length[intensity]
Out[33]= 10 000
```

これらの値を使って，計測した系列の自己相関関数を作る．

```
In[34]:= G[m_] :=
    Sum[intensity[[i]] intensity[[i + m]], {i, 1, M - m, 1}] / (M - m) /
      (meanIntensity^2) // N
```

```
In[35]:= glist = Table[G[i], {i, 1, 500}];
```

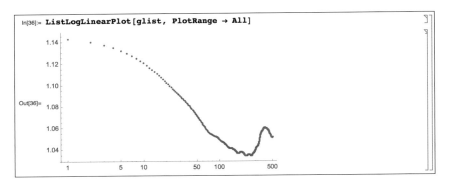

時間が長くなるにつれて，相関が小さくなっていくことがわかる．この場合では，ひとつの領域に粒子が存在する時間が $1/p$ オーダーなので，相関時間は １００ 程度と推測できる．実際の実験の計測値でこの相関が存在する特徴時間を τ, 観測している領域の面積を A とすると，拡散係数のオーダーはほぼ A/τ と見積もる事ができる．

5.5　おわりに

細胞外の拡散を測る代表的なやり方を３つ紹介した．FRAP と FCS は，ともに原理は 1970 年代に開発されたが [16][17]，最近になって GFP 技術と組み合わさって急激に応用が進んでいる．ただ，現状では計測が主に細胞表面や細胞内で行われているため，細胞外の因子の拡散の計測は少ない．最近になって，ショウジョウバエ (Drosophila) の細胞内の Bicoid[18], Dpp[19], ゼブラフィッシュ (Zebrafish) の FGF8[20], Nodal と Lefty[21], アフリカツメガエル (Xenopus) の Wnt[22] など，モルフォゲンの拡散動態の可視化が徐々に報告されるようになってきた．

細胞外のモルフォゲンのダイナミクスの計測は，前述のようにあまり進んでいない．重要な遺伝子がかなり絞り込まれてきているにも関わらず，それらの分子がどのように動いていくのか，そのダイナミクスの計測すらほとんどなされていない状況である．これには，分野間の関心の違いという問題があると思う．技術的なところに秀でている生物物理系の人たちは発生現象そのものにそれほど関心

がない．発生現象に詳しい発生やプロパーの人たちはそこまでイメージングに詳しくない，というように，個々の測定法の特性までわからないままストーリーだけ先行してしまう危険性がある．

　また，生物現象に理論を適用する場合，実験系の人からの抵抗というのは通常存在する．このような場合，「数理に詳しくないとわからない実験手法」を一つ押さえておくと，共同作業がうまく行く場合がある．周りを見ていても，共同研究がうまくいっている場合，まず理論屋さんが技術的な方向から実験屋さんを支援している，という場合がある．モデリングの素養があると，理論の中で完結するだけではなく，実際の実験手法を理解し，使う際にも役に立つ，ということを感じていただければ幸いである．

第6章
軟骨形成とチューリングパターン

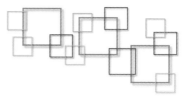

6.1 肢芽の発生

　我々の四肢は，移動したり外界を操作したりするのに非常に大事な器官である．この器官ははじめ，胴体の側面から肢芽と呼ばれる小さな突起が成長することによって生じる．この突起がどんどん伸長していき，やがて手首から先の部分が平たくなり，指の間の細胞が細胞死によって除去されることによって大人の手のかたちが形成される．また，肢芽の中では，骨の元となる軟骨の枠組みがまず形成され，それが骨にだんだん置き換わっていく．この骨のパターンも，一番根元の上腕骨から，前腕の橈骨尺骨，さらに手首関節の先の5本の指骨が順に形成されていく（図1(A)-(D)，[2]）．

　この四肢のパターンは，脊椎動物間ではある種の類似性がある．手の根元側（近位）から手の先（遠位）に向かってに向かって1本-2本-5本と，どんどん増えていく．このパターンがどのように決定されるのか，発生学者は昔から関心を持ってきた．

6.1.1 領域特異性の決定－二つのシグナリングセンター

　まず，それぞれの場所がどのような性質をもっているか，たとえばある指が親指なのか小指なのか，そのアイデンティティはどのように決定されるか，については，かなり分子メカニズムがきちんとわかっている．これは，肢芽の末端近く

6.1 肢芽の発生

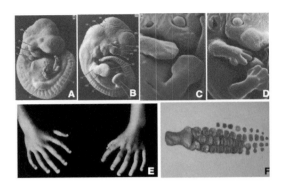

図 6.1 四肢の発生と奇形. (A)-(D) マウスの四肢の発生 [23]. (E) ヒト多指症の例 [24]. (F) 翼竜の骨格.

に，上皮が肥厚した AER(Apical Ectodermal Ridge, 外胚葉性頂堤) という領域があり，ここから FGF と呼ばれる拡散性のシグナル因子が放出される．この因子が肢芽の先端近くでの細胞増殖を促し，また，近遠位軸での細胞分化を決定する，というのが古典的なストーリーである．

また，前後軸（親指側と小指側）の分化に関しては，肢芽の小指側の末端にZPA(Zone of Polarizing Activity, 極性化域) という領域があって，そこからShh というモルフォゲン分子が放出され，この分子の濃度勾配によって親指-小指の領域のアイデンティティが決定されることがわかっている．

6.1.2 骨構造の周期性

しかし，これらの領域のアイデンティティの決定とは比較的独立に，骨構造がある一定の領域では周期構造を形成する，という考え方も昔から行われていた．たとえば，人の奇形で多指症というものが昔からよく知られている（図 6.1E[24]）．これは，発生段階のある時期で肢芽の大きさが通常よりも大きいために，余分な数の指が形成される，というものである．しかし，個々の指がなにかのマスター遺伝子で決定されているとしたら，領域が拡大しただけで指の数が増えるのはおかしい．また，動物種によっては，非常にたくさんの骨構造が整然と並んでいて，こ

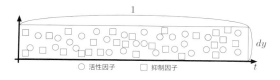

図 6.2 系の定義.

れらを一つ一つ別の遺伝子が支配しているとはとても考えにくい場合がある（図 6.1F）．したがって，肢芽の発生時に，骨構造を自発的に形成するようなメカニズムが存在するのではないかと言われてきた [25][26]．

この章では，軟骨の構造の形成を例にとって，周期的な構造を生み出す代表的なメカニズムであるチューリングパターンについて概説する [8]．それも通常の教科書ではまず支配方程式をいきなり書いて，その数理解析が入って，数値計算については結果だけ書いてある事が多いのだが，ここではまず数値計算を書いてしまい，連続の支配方程式を導出し，最後に数理解析を行う，という通常とは逆のプロセスを行う．これは，経験上，支配方程式の理解のところで最初につまづく人が多いからである．まず数値計算で，個々の要素間でなにをやっているのかをきちんと把握してから，連続の支配方程式を導出して数理解析に入る方が流れとして自然である．（そもそも，もともとの Turing の論文自体が離散系で話をしている．）

6.2 チューリングパターンとは

6.2.1 考える系について

まず，話を簡単にするために，一次元の棒状の組織を考える．横の長さを 1，縦の長さを dy として，dy が 1 にくらべて非常に小さく，縦方向の分布は無視していいと仮定する（図 6.2）．そして，この棒状の組織の中の細胞が 2 種類の分子，活性因子 (activator) と抑制因子 (inhibitor) を産生し，それらの分子が細胞の分子の産生（もしくは分解）をコントロールしながら，近傍の細胞に拡散している，という状態を考える．この状態がある時間続いたとき，これらの 2 種類の分子の分布がどう変化していくのかをみるのが，今回の数値計算の目標である．

図 6.3 空間離散化.

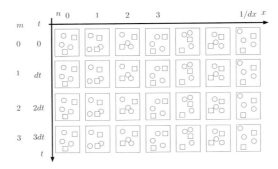

図 6.4 時間方向の離散化.

6.2.2 離散化

さて，このままの状態で空間的な分布の変化を考えるのは難しいので，この細長い棒を長さ dx ずつ区切って（$dx \ll 1$），$1/dx$ 個の小さな組織片に分けて考える（図 6.3）．この一つの小さな組織の固まりの中では活性因子，抑制因子の分布はほぼ一様であるとして，

- 組織片の中での活性因子, 抑制因子の相互作用
- ある組織片と，両隣りの組織片との間での活性因子, 抑制因子のやりとり

という二つの要素を考え，それらを足しあわせたものを時間変化として計算する．

また，時間についても，本来は連続的に変化するものだが，短い時間 dt ごとに区切って，時刻は $m \times dt$ （m は整数）という値しか取らないと考える（図 6.4）．

そして，ある時刻 $m \times dt$ におけるそれぞれの組織片の中の活性因子, 抑制因子の濃度について，左から数えて n 個めの組織片の中の活性因子の濃度を $p(n,m)$，抑制因子の濃度を $q(n,m)$ と呼ぶことにする．

6.2.3 反応項

さて，ある時刻 $m \times dt$ の 活性因子，抑制因子の分布がわかっているとして，そこから短い時間 dt の後にそれぞれの小さい組織片の中で何が起こるのかを考える．まず，その組織片の中だけで起こることを考えると，活性因子，抑制因子それぞれが細胞に働きかけて，それぞれの産生（もしくは分解）を促進，もしくは抑制する，という作用が考えられる．

周期的なチューリングパターンを生成するタイプの反応拡散系では

- 活性因子は 活性因子自身の産生を促進すると同時に， 抑制因子の産生を促進する．
- 抑制因子は 活性因子の産生を抑制する

という相互作用を仮定しているものがほとんどである．したがって，$f(p,q)$, $g(p,q)$ を活性因子，抑制因子の濃度の変化率として，

$$f(p,q) = 0.6p - q \tag{6.1}$$
$$g(p,q) = 1.5p - 2q \tag{6.2}$$

というような関数を考えて，

$$f(p(n,m), q(n,m)) \times dt \tag{6.3}$$
$$g(p(n,m), q(n,m)) \times dt \tag{6.4}$$

のようにすれば，時刻 $m \times dt$ から $(m+1) \times dt$ の間のある微小組織片の中の活性因子，抑制因子の濃度の変化量が算出できる．

この部分を，反応拡散の中で，分子の化学反応を表しているという意味で，反応項と呼ぶ．

6.2.4 拡散項

次に，ある時刻 $m \times dt$ から $(m+1) \times dt$ の間に起こる，隣の組織片との間の相互作用を考える．生物現象なので，シグナル伝達には様々な様式が考えられるが，ここでは単純に，活性因子，抑制因子が細胞外を受動的に拡散して隣に影響を及ぼす，と考える．

n 番目の組織片の 活性因子の濃度を $p(n,m)$ とすると，右隣の組織片の 活性因子の濃度は $p(n+1,m)$ となる．単純な拡散の場合，物質の移動量は濃度勾配 $(p(n+1,m) - p(n,m))/dx$ と境界の長さ dy に比例するので（Fick の法則），短い時間 dt の間に右隣の組織へ移動していく活性因子の量（下図矢印）は

$$d_p(p(n+1,m) - p(n,m))/dx \times dy \times dt \tag{6.5}$$

で表される．d_p は 活性因子の拡散係数である．これによって引き起こされる n 番目の組織片の濃度変化は，この量を組織片の面積 $(dx \times dy)$ で割って

$$d_p(p(n+1,m) - p(n,m))/dx \times dy \times dt/(dx \times dy) \tag{6.6}$$

$$= d_p(p(n+1,m) - p(n,m))/dx^2 \times dt \tag{6.7}$$

となる．

同様に，左隣との物質のやり取りの量は

$$d_p(p(n-1,m) - p(n,m))/dx \times dy \times dt \tag{6.8}$$

それによって引き起こされる n 番目の組織片の濃度変化は，

$$d_p(p(n-1,m) - p(n,m))/dx \times dy \times dt/(dx \times dy)$$

$$= d_p(p(n-1,m) - p(n,m))/dx^2 \times dt \tag{6.9}$$

となる．

両方を考えあわせると，n 番目の組織片の中の活性因子が時刻 $m \times dt$ から時刻 $(m+1) \times dt$ の間に周囲からの拡散によって変化する量は

$$d_p(p(n+1,m) + p(n-1,m) - 2 \times p(n,m))/dx^2 \times dt \tag{6.10}$$

となる．

同様に，抑制因子の濃度変化は

$$d_q(q(n+1,m) + q(n-1,m) - 2 \times q(n,m))/dx^2 \times dt \tag{6.11}$$

となる（d_q は抑制因子の拡散係数）．分子の拡散を表す部分は，反応拡散系では文字どおり拡散項と呼ばれる．

6.2.5 支配方程式

これらを考えあわせて，ある時刻 $m \times dt$ から $(m+1) \times dt$ の間に 活性因子，抑制因子が変化する量 $(p(n,m+1) - p(n,m)$ および $q(n,m+1) - q(n,m))$ は

$$\begin{aligned} &p(n,m+1) - p(n,m) \\ &= (f(p(n,m), q(n,m)) \\ &\quad + d_p(p(n+1,m) + p(n-1,m) - 2 \times p(n,m))/dx^2) \times dt \end{aligned} \tag{6.12}$$

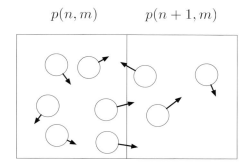

活性因子の隣への移動量：
$$d_p(p(n+1,m) - p(n,m))/dx \times dy \times dt$$

図 6.5 隣り合う小要素の間の分子の移動．

$$q(n, m+1) - q(n, m)$$
$$= (g(p(n,m), q(n,m))$$
$$+ d_q(q(n+1,m) + q(n-1,m) - 2 \times q(n,m))/dx^2) \times dt$$
(6.13)

となる．これによって，時刻 $(m+1) \times dt$ における活性因子，抑制因子の濃度は

$$p(n, m+1) = p(n, m) + (f(p(n,m), q(n,m))$$
$$+ d_p(p(n+1,m) + p(n-1,m) - 2 \times p(n,m))/dx^2) \times dt$$
(6.14)

$$q(n, m+1) = q(n, m) + (g(p(n,m), q(n,m))$$
$$+ d_q(q(n+1,m) + q(n-1,m) - 2 \times q(n,m))/dx^2) \times dt$$
(6.15)

のように算出することができる．

従って，最初の活性因子，抑制因子の濃度分布がわかっていれば，この式を繰り返し適用して計算することで，任意の時刻の活性因子，抑制因子の濃度分布を得ることができる．

6.2.6 境界条件

第4章で説明した通り，境界の部分をどう定義するかを決めなくてはならない．ここでは，領域が十分広いと考え，周期境界条件を用いる．

6.2.7 連続の支配方程式への変換

ここで，dt, dx を無限に 0 に近付けると，離散ではない連続の支配方程式を得ることができる．

まず，連続関数として，時刻 t における位置 x の活性因子，抑制因子の濃度をそ

れぞれ $u(x,t)$, $v(x,t)$ とする．すると，上の支配方程式は

$$\frac{u(x,t+dt)-u(x,t)}{dt} = f(u(x,t),v(x,t)) + d_p \frac{\frac{u(x+dx,t)-u(x,t)}{dx} - \frac{u(x,t)-u(x-dx,t)}{dx}}{dx} \tag{6.16}$$

$$\frac{v(x,t+dt)-v(x,t)}{dt} = g(u(x,t),v(x,t)) + d_q \frac{\frac{v(x+dx,t)-v(x,t)}{dx} - \frac{v(x,t)-v(x-dx,t)}{dx}}{dx} \tag{6.17}$$

となる．ここで，上の式の左辺で dt, 右辺で dx を無限に 0 に近付けると，左辺は時間の一次微分に，右辺の拡散項は空間の二次微分になる．

$$\partial u(x,t)/\partial t = f(u(x,t),v(x,t)) + d_p \partial^2 u(x,t)/\partial x^2 \tag{6.18}$$

$$\partial v(x,t)/\partial t = g(u(x,t),v(x,t)) + d_q \partial^2 v(x,t)/\partial x^2 \tag{6.19}$$

ここで，これまで説明してきた

- 時間の一次微分 $\partial f(t)/\partial t$ を $f'(t)$ と表現することがある
- 空間の一次微分 $\partial f(x)/\partial x$ を $\nabla f(x)$ と表現することがある（∇ はナブラ記号と呼ぶ）
- 空間の二次微分 $\partial^2 f(x)/\partial x^2$ を $\Delta f(x)$ と表現することがある（Δ はラプラシアンと呼ぶ）

ということを覚えておくと，

$$u' = f(u,v) + d_u \Delta u \tag{6.20}$$

$$v' = g(u,v) + d_v \Delta v \tag{6.21}$$

という，よく出てくる反応拡散系の式の意味が分かってくると思う．

何故このような暗号のような記号を用いるのか，と思われるかもしれないが，実際に数式を扱ってみると，$\partial^2 u(x,t)/\partial x^2$ のように総てを書き下して考えていると手を動かすのが非常に面倒である．系の物理的な意味と，いくつかの記号の意味

さえ押さえておけば，Δ のような表記の方が遥かに見通しが良くなる．

6.3 *Mathematica* によるチューリングパターンの数値計算

6.3.1 初期状態

上で記述した系を，*Mathematica* で再現する．色々なやり方があるが，ここはお手軽に活性因子，抑制因子の分布を `List` で表すやり方を使う．

まず，離散モデルなので，dt, dx をどの位の値にするか決める．ここでは適当に $dx = 0.02$ ($n = 50$)，$dt = 0.01$ とおく．

```
In[1]:= dx = 0.02
Out[1]= 0.02
```

```
In[2]:= dt = 0.01
Out[2]= 0.01
```

活性因子，抑制因子の濃度分布を，先ほどの定義に従って p, q とする．p, q の初期分布を `pInitial, qInitial` というリストで表すと，それぞれ n 個ずつの一定値のリストになる．

```
In[3]:= pInitial = Table[Random[] * 0.01, {1/dx}]
Out[3]= {0.00231602, 0.0085149, 0.000238698, 0.000787262, 0.00420354,
         0.00581004, 0.00595694, 0.00148491, 0.000845306, 0.0073192,
         0.00374923, 0.00104409, 0.00380617, 0.00610394, 0.0000426854,
         0.00525444, 0.00328289, 0.00341041, 0.00982864, 0.00883928,
         0.00116047, 0.000361099, 0.00334103, 0.00183498, 0.00884445,
         0.0018462, 0.00310233, 0.00104772, 0.00464091, 0.00603616,
         0.00714539, 0.00956281, 0.00379561, 0.00871696, 0.00339617,
         0.00851872, 0.00998944, 0.00261302, 0.00335348, 0.00326429,
         0.00670655, 0.00920261, 0.00352484, 0.00442501, 0.00554608,
         0.00884151, 0.000183806, 0.00259003, 0.00670163, 0.00699532}
```

```
In[4]:= qInitial = Table[Random[] * 0.01, {1/dx}]
Out[4]= {0.00708147, 0.00154231, 0.00206071, 0.000959159, 0.00993608,
    0.0019795, 0.00826511, 0.0022422, 0.00653991, 0.00346078,
    0.00827567, 0.00962918, 0.00318643, 0.000196489, 0.00156912,
    0.000426572, 0.0096616, 0.00577148, 0.00602304, 0.00158506,
    0.00947779, 0.00318145, 0.00932141, 0.00458974, 0.00239632,
    0.00163914, 0.0072607, 0.00363059, 0.00246024, 0.00965964,
    0.00899559, 0.00138838, 0.00592032, 0.00619887, 0.000719919,
    0.0017592, 0.00273389, 0.00600238, 0.0091508, 0.00133263,
    0.0030723, 0.000230899, 0.00312776, 0.00974757, 0.00359451,
    0.00704945, 0.00380635, 0.00515782, 0.00119819, 0.00541031}
```

すべての値が完全に一定だと形態形成は起こらないので，自然界に必ず存在する微小なゆらぎを入れてやらなくてはならない．ここでは，`0.01*Random[]` という関数を入れることで，1％程度の値のずれを加えている．

6.3.2 反応項

ここでは，

$$f(p,q) = 0.6p - q - p^3 \tag{6.22}$$

$$g(p,q) = 1.5p - 2q \tag{6.23}$$

という関数を用いる．これは，

1. 活性因子が，自らの産生を促進する $(0.6p)$
2. 活性因子は，抑制因子の産生を促進する $(1.5p)$
3. 活性因子は，ある程度以上の濃度になると産生が抑えられる $(-p^3)$
4. 抑制因子は，活性因子の産生を抑制する $(-q)$
5. 抑制因子は，何もないと減衰していく $(-2q)$

という五つの条件を備えている．

```
In[5]:= f[p_, q_] := 0.6 p - q - p^3
```
```
In[6]:= g[p_, q_] := 1.5 p - 2 q
```

6.3.3 拡散項と境界条件

次に拡散項を実装する．ここでは単純化のため，境界条件は周期境界条件とする．前述の RotateLeft[]，RotateRight[] を用いて

```
In[7]:= diffusion[l_] := RotateRight[l] + RotateLeft[l] - 2 l
```

という形で簡単に実現できる．

```
In[8]:= diffusionP[l_] := dp * diffusion[l] / (dx * dx)
```

```
In[9]:= diffusionQ[l_] := dq * diffusion[l] / (dx * dx)
```

d_p, d_q も適当な数値を与える．この際，d_q の方が d_p よりも大きい値でないと，安定な周期構造は出て来ないことがわかっている．

```
In[10]:= dp = 0.0002; dq = 0.01;
```

ここで，第4章で述べた，数値計算の誤差が発散しないための dt, dx, d_p, d_q の必要条件が満たされているかどうか確認してみる．

```
In[11]:= dp dt / dx / dx
Out[11]= 0.005
```

```
In[12]:= dq dt / dx / dx
Out[12]= 0.25
```

で，どちらも $1/2 = 0.5$ より小さい．

6.3.4 支配方程式の関数

これらを併せて，短い時間 dt の間に p, q の変化を表す関数を作る．

```
In[13]:= pqAfterDt[{p_, q_}] :=
            {
            p + dt * (f[p, q] + diffusionP[p]),
            q + dt * (g[p, q] + diffusionQ[q])
            }
```

第6章 軟骨形成とチューリングパターン　103

```
In[14]:= pqAfterDt[{pInitial, qInitial}]
Out[14]= {{0.00231349, 0.00847819, 0.000263647, 0.000796733, 0.00412035,
    0.00581781, 0.00588694, 0.00149055, 0.000820546, 0.00727828,
    0.00369329, 0.0009814, 0.00379482, 0.0060968, 0.0000836153,
    0.00524578, 0.00321646, 0.00340461, 0.00979034, 0.00884301,
    0.00110705, 0.000350348, 0.00324543, 0.00184267, 0.00880351,
    0.00188215, 0.00303179, 0.00104594, 0.00463317, 0.00597434,
    0.00710484, 0.00956537, 0.00381262, 0.00865605, 0.00346156,
    0.00853398, 0.00997779, 0.00260926, 0.00327794, 0.0032882,
    0.00671133, 0.00921464, 0.0035476, 0.00435519, 0.00555428,
    0.00876429, 0.000202165, 0.00256252, 0.00671076, 0.00695832},
   {0.005172, 0.00315358, 0.00161809, 0.0034714, 0.00556704,
    0.00558761, 0.00511203, 0.00479979, 0.00457758, 0.00547486,
    0.00730105, 0.0075032, 0.004043, 0.00137476, 0.000909583,
    0.00309125, 0.00623632, 0.00674263, 0.00487762, 0.00476863,
    0.00575837, 0.00623231, 0.00646719, 0.00516003, 0.00284012,
    0.00322873, 0.0048491, 0.00418863, 0.00457309, 0.00759113,
    0.00718707, 0.00453884, 0.0047955, 0.00476627, 0.00238602,
    0.00183565, 0.0034025, 0.00589151, 0.00627644, 0.0037444,
    0.00196618, 0.00179888, 0.00404881, 0.00642577, 0.00600781,
    0.00536657, 0.00488162, 0.00376574, 0.00331769, 0.00477179}}
```

これを $(1/dt)$ 回繰り返せば，時間 1 の間に p, q がどれだけ変化するかが算出でる．

数値計算

以上をまとめて書くと，下のようになる．初期条件，反応項，拡散項と順番に定義して，最後にそれを組み合わせて支配方程式を作る．

```
In[15]:= dx = 0.02; dt = 0.01; dp = 0.0002; dq = 0.01;

    pInitial = Table[Random[] * 0.01, {1/dx}];
    qInitial = Table[Random[] * 0.01, {1/dx}];

    f[p_, q_] := 0.6 p - q - p^3;
    g[p_, q_] := 1.5 p - 2 q;

    diffusion[l_] := RotateRight[l] + RotateLeft[l] - 2 l;
    diffusionP[l_] := dp * diffusion[l] / (dx * dx);
    diffusionQ[l_] := dq * diffusion[l] / (dx * dx);

    pqAfterDt[{p_, q_}] :=
         {
         p + dt * (f[p, q] + diffusionP[p]),
         q + dt * (g[p, q] + diffusionQ[q])
         }
```

6.3 Mathematica によるチューリングパターンの数値計算

ここで，時間 1 の間に p,q がどれだけ変化するかを算出する関数を作る．このような繰り返し計算は前述の Nest[] 関数を使う．

```
In[24]:= pqAfter1Time[l_List] := Nest[pqAfterDt, l, Round[1/dt]];
```

この関数と NestList[] を用いて，時間 1 刻みに $1-50$ まで p, q の分布を作って，result という変数に貯える．最後の //Timing は，計算時間を表示する関数である．

```
In[25]:= result = NestList[pqAfter1Time, {pInitial, qInitial}, 50]; //
         Timing
Out[25]= {1.649075, Null}
```

これで，活性因子，抑制因子の分布の行列が計算できたので，結果を Table[] と ListPlot[] を使って表示してみる．活性因子が実線，抑制因子が点線である．

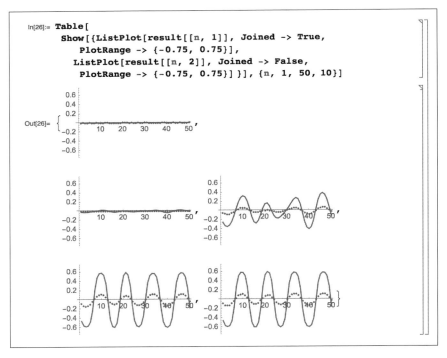

このように，活性因子の山が形成され，それに連れてなだらかな抑制因子の山ができて，結果として周期構造が形成されるプロセスが見える．

6.4 なぜパターンができるのか？- 線形安定性解析

6.4.1 Local positive feedback - Grobal lateral inhibition?

まず，発生生物学者の間でよく使われている標準的な説明を引用する．この系でキーになる性質として

- Local positive feedback
- Grobal lateral inhibition

がある [27]*1.

まず，活性因子，抑制因子の初期分布が数学的に完全に均一ということは自然の状態では考えにくく，かならずごく小さなピークが無数に存在する．すると，「活性因子は自分自身の産生を促進する」という 正のフィードバック の性質によって，活性因子の小さな揺らぎが増強されて，まず活性因子の山ができる．次に，「活性因子が 抑制因子の産生を促進する」という性質によって，同じ部分に 抑制因子の山が形成される．ただし，抑制因子の方が拡散速度が速いので，抑制因子の山の方が 活性因子の山よりもなだらかになる．すると，それらの山の中心から少し外れた部分では，活性因子よりも 抑制因子の方の働きが相対的に強くなり，「抑制因子は 活性因子の働きを抑える」という作用から，既に形成された山のすぐ横では新たな 活性因子の山が形成されにくくなる，という lateral inhibition （側抑制）がおこる．この働きによって，ほぼ一定幅のパターンのみが形成される，というのが一般的な説明である．

ただ，この説明は実は怪しい．例えば，以下のような系を計算してみる．

---

*1 チューリングパターンというと活性因子 (activator), 抑制因子 (inhibitor) を思い浮かべる方が多いと思うが，実際にはチューリングのオリジナルの論文 [8] にはこれらの用語は使われておらず，Meinhardt が最初に言いだした [27]．これを忘れて Meinhardt の前でチューリングの activator-inhibitor 系などと言うと酷い目に逢う．

```
In[27]:= dx = 0.02; dt = 0.01; dp = 0.0002; dq = 0.01;

       pInitial = Table[Random[] * 0.01, {1/dx}];
       qInitial = Table[Random[] * 0.01, {1/dx}];

       f[p_, q_] := 0.6 p - 0.025 q - p^3;
       g[p_, q_] := 60 p - 2 q;

       diffusion[l_] := RotateRight[l] + RotateLeft[l] - 2 l;
       diffusionP[l_] := dp * diffusion[l] / (dx*dx);
       diffusionQ[l_] := dq * diffusion[l] / (dx*dx);

       pqAfterDt[{p_, q_}] :=
           {
           p + dt * (f[p, q] + diffusionP[p]),
           q + dt * (g[p, q] + diffusionQ[q])
           }
```

```
In[36]:= pqAfter1Time[l_List] := Nest[pqAfterDt, l, Round[1/dt]];
```

```
In[37]:= result = NestList[pqAfter1Time, {pInitial, qInitial}, 50]; //
       Timing
Out[37]= {1.643481, Null}
```

第 6 章 軟骨形成とチューリングパターン 107

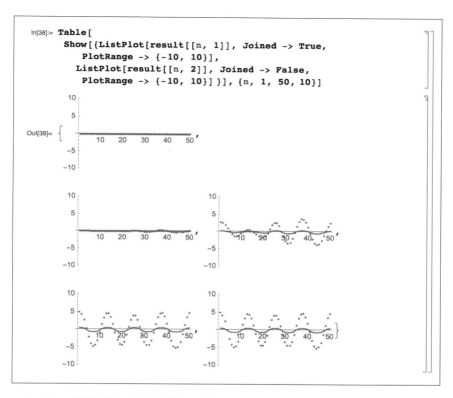

なぜか，抑制因子の山（点線）が先にできて，活性因子のなだらかな山がそれに釣られて動くように見える！さきほどの lateral inhibition の説明では何が起こっているのか理解できない．

これはトリックとしては簡単で，抑制因子の量をリスケールして幅を大きく見せているだけである．具体的には，$P = 40p$ という変数を作って，p と置き換えてやるとこのような系ができる．大変人工的に聞こえるかもしれないが，実験で言うと，免疫染色や in situ で発色の時間を延ばして，少ない変化を大きく見せている事に相当するため，意外と簡単に起こる．

この例の端的な教訓は，自然言語による端的な説明は時々危ない，ということである．物事の仕組みを真に理解するには，自然言語だけでも数値実験だけでも不十分で，どこかで数理解析が必要になる．

6.4.2 線形安定性解析 (Linear stability analysis)

前述の "local positive feedback - global lateral inhibition" という説明は定性的で,直感的には分かりやすいものの,「どんな関数を使ってもパターンが生じるのか?また,パターンの幅はどのように決定されるのか?」というような基本的な問いに対する答えは,このような直感的な説明では得られない.そのような問いに対する答えは,もっと別の数学的な道具を使って得ることができる.そのやりかたを線形安定性解析という [28].

大筋だけ説明すると,反応項を初期値の近くでは線形であると仮定し,そこからパターン形成の初期に初期値の分布のうちのどの波長成分が早く成長するかを算出する,というものである.

線形とは?

線形とは,一次関数の事である.関数がややこしい形をしている時に,ある値の近くでその関数が直線であると仮定してしまって,近似的に話をする,という事がよく行われる.これを線形近似という.級数展開をして一番低次の項だけ使っている,と考えても良い.

たとえば,$y = f(x)$ という関数に関してなにか性質を調べたいとする.$f(x)$ が非常にややこしい形をしていて難しい時,あるいはある x の値 x_0 の近辺だけについて知りたいとき,もともとの関数を使うのではなく,x_0 の近くで $f(x)$ を直線とみなしてしまって,その傾き ($f'(x_0)$) を求めて

$$y - f(x_0) = f'(x_0)(x - x_0) \tag{6.24}$$

と表すことがある (ここでは $f'(x) = \partial f / \partial x$ とする).一見複雑だが,x_0, $f(x_0)$, $f'(x_0)$ がすべて定数なので,これは $y = ax + b$ の形の一次方程式である.

これをグラフで表すと,図 6.6 のようになる (元の関数は黒,線形近似した関数は点線で表す)

同様の事を,2次元の関数で行う事もある.たとえば,$y = f(u,v)$ という関

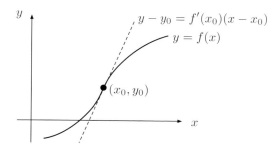

図 6.6　1 変数の関数の線形近似.

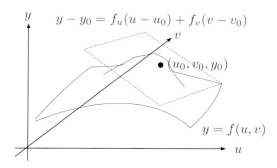

図 6.7　2 変数の関数の線形近似.

数があって，その中の点 (u_0, v_0) 近傍のみについて性質を調べたい場合，

$$f_u = \partial f(u_0, v_0)/\partial u \tag{6.25}$$

$$f_v = \partial f(u_0, v_0)/\partial v \tag{6.26}$$

を計算して，

$$y - f(u_0, v_0) = f_u(u - u_0) + f_v(v - v_0) \tag{6.27}$$

を，$y = f(u, v)$ と同じとして扱う事がある（下図）．これも一見ややこしいが，$u_0, v_0, f_u, f_v, f(u_0, v_0)$ はすべて定数なので，$y = au + bv + c$ という形の平面の式（点線）になる．

線形安定とは？

上述の反応拡散系は，変数が二つあって，しかもそれぞれに空間分布がある，という非常にややこしい系なので，もっと単純な，たとえば，以下のような微分方程式を考える．

$$dx/dt = f(x) \tag{6.28}$$

これは，ある変数 x を考え，（話を簡単にするため，空間分布のないただの数とする）その時間変化が $f(x)$ という関数で表される，という事を意味する．ここでは，$f(x)$ は時間が経っても変化しないと仮定する．

さて，時刻 $t = 0$ での x の値を x_0 として，$f(x_0) = 0$ が成り立つとする．すると，これ以降の時刻では x が変化しないので（$dx/dt = 0$ だから）x はそれ以降一定の値になるはずである．このような値の事をこの微分方程式の定常解と呼ぶ．

しかし，自然界ではある系が理想的に法則に従う事はまずなく，系の外からの影響などで多少のずれが生じる．そのずれが生じた時，少しぐらいのずれは修正されて結局もとの解の値に戻っていくのか，または，ずれがどんどん増幅されてるのか，そのような解の性質を調べる方法の一つが線形安定性解析である．

つぎに，x_0 からのずれを dx（> 0）とする．時刻 $t = 0$ で $x = x_0 + dx$ もしくは $x = x_0 - dx$ のように，正，負の方向に少しずれた所からスタートする場合，系がどのように時間発展するかを考える．

1. もし，x_0 から正の方向にずれたときに，$f(x)$ も正の値になったとすると（$f(x_0 + dx) > 0$），x がずれと同じ方向に増える事になり，さらにずれが大きくなってしまう．
2. また，x_0 から負の方向にずれたときに，$f(x)$ も負の値になったとすると（$f(x_0 - dx) < 0$），x がずれと同じ方向に増える事になり，やはりずれが大きくなってしまう．

この二つのどちらかがおこるような場合，このような状態が自然界で維持される事は考えにくいので，その解は不安定であるという呼び方をする．

ここで，$f(x)$ が複雑な形をしているときは，$f(x_0 + dx)$ や $f(x_0 - dx)$ の符号を直接求めるのは難しいので，$f(x)$ を $x = x_0$ の近くで一次関数で近似して $f'(x_0)(x - x_0)$ としてしまう．そして，この関数で $f(x_0 + dx)$ や $f(x_0 - dx)$ の符号を求めてみると以下のようになる．

$$f(x_0 + dx) \doteq f'(x_0)(x_0 + dx - x_0) = f'(x_0)dx \qquad (6.29)$$

$$f(x_0 - dx) \doteq f'(x_0)(x_0 - dx - x_0) = -f'(x_0)dx \qquad (6.30)$$

上の式の値が負，下の式の値が正になれば，だいたい x_0 の近くでは解は安定だろうと推定する事ができる．このような条件は

$$f'(x_0) < 0 \qquad (6.31)$$

となれば常に成り立つ．このような条件を満たす解を，線形安定な解と呼ぶ．

もう少し一般的に，このような線形近似をした場合に，x が時間のどのような関数で表されるかを考えてみる．上の近似によって，

$$\partial x / \partial t = f'(x_0)(x - x_0) \qquad (6.32)$$

となる．一見恐ろしそうだが，これは x_0 と $f'(x_0)$ が定数である事を考えると，単純な積分で x を t の関数として表す事ができる．高校数学の範囲で解ける問題だが，面倒なので `DSolve[]` を用いて $Mathematica$ に解かせてみよう．$f'(x_0)$ を a と置き換えると

```
In[39]:= Clear[a, x, x0, dx, t]
```

```
In[40]:= DSolve[{x'[t] == a (x[t] - x0), x[0] == x0 + dx}, x[t], t]
Out[40]= {{x[t] → dx e^{at} + x0}}
```

この式の形 $(x(t) = dx(e^{at}) + x_0)$ を見ると，dx がいくら小さくても，a が正の値であれば，時間とともに x は x_0 から無限に遠ざかっていく事が分かる．

このように，方程式の込み入った部分をある解の近くで一次関数で近似してしまい，その解が自然界で安定に存在できるのかどうか調べる解析の事を線形安定性解析と呼ぶ．

波長成分とは？

つぎに出てくる大事な概念としてフーリエ変換がある．これは一言で言うと

「ある有限の範囲を持った関数は，sin, cos 関数の重ねあわせとして表す事ができる」

という法則である．たとえば，活性因子の濃度 u の初期分布を $u(x,0)$ で表すと

$$u(x,0) = \sum_{k=0}^{\infty} (a_k \sin(kx) + b_k \cos(kx)) \tag{6.33}$$

とすることができる．この k のことを波数（wavenumber）と呼ぶ．(0 から 2π までの間に入る波の数，という意味)

以下では，活性因子，抑制因子の初期分布をこのような形でそれぞれの波数に分けてしまって，どの波数が成長してどの波数がしないのか，ということを見ていく．

なぜわざわざこのような変換をして考えるのかというと，空間分布を sin(), cos() で表してしまうと線形の関数では非常に扱いやすいからである．たとえば，2 変数の反応拡散系の方程式は

$$u' = f(u,v) + d_u \Delta u \tag{6.34}$$

$$v' = g(u,v) + d_v \Delta v \tag{6.35}$$

という形をしていて，このまま考えると非常に複雑である．そこで，初期分布をフーリエ変換してしまって，ある波数 k についてのみ考えてみる．まず，反応項に関して線形近似をしてしまうと，ある波数 k の三角関数の定数倍をいくつか足し合わせたものとなり，結局は波数 k の三角関数の定数倍となる．

また，拡散項に関しては，

$$\partial \sin(kx)/\partial x = k\cos(kx) \tag{6.36}$$

$$\partial \cos(kx)/\partial x = -k\sin(kx) \tag{6.37}$$

より
$$\Delta sin(kx) = -k^2 \sin(kx) \tag{6.38}$$
となり，これもある波数の三角関数を定数倍したものしか出てこない．結果として，反応項を線形化してしまうと，「ある波数の振幅の時間変化は，その波数のみによって決定されて，他の波数の成分には影響を与えない」ことがわかる．従って，波長成分ごとに話をわけて考える事ができて，非常に問題が簡単になる．

反応拡散系の線形安定性解析

以下からやっと実際の解析に入る．

1. 反応項を線形化する
2. 活性因子，抑制因子の初期値の分布を波長ごとに分ける
3. 線形化した反応拡散系で，各波長成分がどのように成長するのか，波数と成長速度の関連を導き出す

という順番である．

まず，以下のような 2 変数の反応拡散系を考える．
$$u' = f(u,v) + d_u \Delta u \tag{6.39}$$
$$v' = g(u,v) + d_v \Delta v \tag{6.40}$$

$f(0,0) = g(0,0) = 0$ として，u, v の初期値の分布 (u_0, v_0) は 0 に近いけれども，完全に 0 ではなく小さな揺らぎが存在すると仮定する．

次に，この方程式を $(u,v) = (0,0)$ の近くで線形化する．
$$f_u = \frac{\partial f}{\partial u} \tag{6.41}$$
$$g_u = \frac{\partial g}{\partial u} \tag{6.42}$$
$$f_v = \frac{\partial f}{\partial v} \tag{6.43}$$
$$g_v = \frac{\partial g}{\partial v} \tag{6.44}$$

と置くと，(6.39), (6.40) は

$$u' = f_u u + f_v v + d_u \Delta u \tag{6.45}$$

$$v' = g_u u + g_v v + d_v \Delta v \tag{6.46}$$

となる．

もっと簡単に扱うために，行列とベクトルを使って

$$\vec{w} = \begin{pmatrix} u \\ v \end{pmatrix}, \vec{w_0} = \begin{pmatrix} u_0 \\ v_0 \end{pmatrix}, A = \begin{pmatrix} f_u & f_v \\ g_u & g_v \end{pmatrix}, D = \begin{pmatrix} d_u & 0 \\ 0 & d_v \end{pmatrix} \tag{6.47}$$

と置くと，上の方程式は

$$\vec{w}' = A\vec{w} + D\Delta\vec{w} \tag{6.48}$$

と書く事ができる．

まず，初期値の揺らぎの中でもある特定の正弦波成分のみを考え，

$$\vec{w_0} = \vec{r_k} \sin(kx) \tag{6.49}$$

とする．前述のように，Δ は空間の二次微分なので，

$$\Delta \vec{w_0} = -k^2 \vec{r_k} \sin(kx) = -k^2 \vec{w_0} \tag{6.50}$$

と書く事ができるため，この方程式はさらに

$$\vec{w}' = A\vec{w} + D\Delta\vec{w} = A\vec{w_0} - k^2 D\vec{w_0} = \left(A - k^2 D\right)\vec{w_0} \tag{6.51}$$

となる．したがって，特定の正弦波成分の最初の成長は，$\left(A - k^2 D\right)$ という行列をかけることで表すことができる．

この形は，スカラーでは

$$w' = aw \tag{6.52}$$

という微分方程式になり，この解は $w = be^{at}$ というような指数関数的な成長を表す式になる．行列の場合も同様に方程式を満たす解が

$$\vec{w} = \vec{w_0} e^{\lambda t} \sin(kx) \tag{6.53}$$

となることがわかっている．すると，上の式は，$\partial(e^{\lambda t})/\partial t = \lambda(e^{\lambda t})$ より

$$\lambda \vec{w} = A\vec{w} - k^2 D\vec{w} \tag{6.54}$$

$$\left(A - \lambda I - k^2 D\right)\vec{w} = 0 \tag{6.55}$$

となる．

ここで，もし $(A - \lambda I - k^2 D)$ の逆行列が存在するとすれば，$\vec{w}$ が常に 0 となってしまうので，逆行列が存在しないための条件として

$$\begin{aligned}
&Det\left(A - \lambda I - k^2 D\right) \\
&= Det\begin{pmatrix} f_u - \lambda - d_u k^2 & f_v \\ g_u & g_v - \lambda - d_v k^2 \end{pmatrix} \\
&= \left(\lambda - f_u + d_u k^2\right)\left(\lambda - g_v + d_v k^2\right) - f_v g_u \\
&= 0
\end{aligned} \tag{6.56}$$

(Det は行列式) が出てくる．

行列 $(A - k^2 D)$ の固有値を λ_α と λ_β，固有ベクトルを $\vec{r_\alpha}$ と $\vec{r_\beta}$ とすると

$$\left(A - d_q \lambda_\alpha I - k^2 D\right)\vec{r_\alpha} \tag{6.57}$$

$$= \left(A - \lambda_\beta I - k^2 D\right)\vec{r_\beta} \tag{6.58}$$

$$= 0 \tag{6.59}$$

が成り立つ．

α, β を任意のスカラーとして，

$$\vec{w} = (\alpha \vec{r_\alpha} e^{\lambda_\alpha t} + \beta \vec{r_\beta} e^{\lambda_\beta t})\sin(kx) \tag{6.60}$$

という関数を考える．すると，

$$w' - Aw + k^2 D\vec{w}$$
$$= (\alpha \vec{r_\alpha} \lambda_\alpha e^{\lambda_\alpha t} + \beta \vec{r_\beta} \lambda_\beta e^{\lambda_\beta t}) \sin(kx)$$
$$\quad - A(\alpha \vec{r_\alpha} e^{\lambda_\alpha t} + \beta \vec{r_\beta} e^{\lambda_\beta t}) \sin(kx)$$
$$\quad + k^2 D(\alpha \vec{r_\alpha} e^{\lambda_\alpha t} + \beta \vec{r_\beta} e^{\lambda_\beta t}) \sin(kx)$$
$$= \alpha(\lambda_\alpha I - A + k^2 D)\vec{r_\alpha} e^{\lambda_\alpha t} \sin(kx)$$
$$\quad + \beta(\lambda_\beta I - A + k^2 D)\vec{r_\beta} e^{\lambda_\beta t} \sin(kx)$$
$$= 0.$$

したがって，式 (6.60) は上の反応拡散系 (6.46) の解となる．
$t = 0$ では，この式は

$$\vec{w_0} = (\alpha \vec{r_\alpha} + \beta \vec{r_\beta}) \sin(kx) \tag{6.61}$$

となるが，もし固有ベクトル $\vec{r_\alpha}$ と $\vec{r_\beta}$ が線形独立なら，α, β の組み合わせによって任意の値を表せるので，任意の初期値に対してこの解を当てはめる事ができる．実際には，初期値がいくら小さくても，λ が正であれば最終的にこの波長は大きくなるので，以下の解析では α, β は登場しない．

以上では正弦波成分のみを扱ったが，余弦波成分でも全く同様の解析ができる．ここで大事になるのは，λ_α と λ_β の符号である．もしもこれらが両方とも負であれば，時間経過とともにその波長成分は減衰し，パターン形成は起こらない．それに対して，もしこれらのうちの一つでも正であれば，その波長成分が増幅されていってパターン形成がおこる可能性がある．従って，ある波数 k で，方程式

$$\left(\lambda - f_u + d_u k^2\right)\left(\lambda - g_v + d_v k^2\right) - f_v g_u = 0 \tag{6.62}$$

の解のうち，一つでも正であれば，その波長が成長する可能性がある．

この二次方程式を λ について解くと，λ と k の関係式が出てくる．*Mathematica* に解かせてみる．

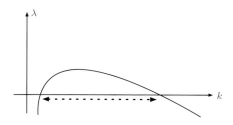

図 6.8　成長速度 λ と波数 k の関係．点線の範囲の波数 k で成長速度が正になる．

```
In[41]:= Solve[ (λ - fu + du k²) (λ - gv + dv k²) - fv gu == 0, {λ}]

Out[41]= {{λ → 1/2 (fu + gv - du k² - dv k² - √(((-fu - gv + du k² + dv k²)² -
                4 (-fv gu + fu gv - dv fu k² - du gv k² + du dv k⁴))))},
         {λ → 1/2 (fu + gv - du k² - dv k² + √(((-fu - gv + du k² + dv k²)² -
                4 (-fv gu + fu gv - dv fu k² - du gv k² + du dv k⁴))))}}
```

　これを λ と k の関係としてプロットしてみると，図 6.8 のような関数になる場合がある．

　すると，一定の波数（図 6.8 点線部分）のみで λ が正になるので，この範囲の波数のみが成長してパターンを形成する．実際に計算をさせてみると，このグラフのピークに近い波数が実際に出てくる波の個数になる．また，パターンを形成するための必要条件は，λ が正になる k が存在する事である，という事も分かる．このプロットが全て負になるような場合にはパターン形成は起こらない．

　従って，このような数学的な道具を使うと，式の形を見ただけで，パターンが形成されるかどうか，また，生成されるパターンの大体の波長もわかってしまう．このような，波数 k と解の成長速度 λ の関係をプロットしたグラフの事を分散関係（Dispersion relation）　と呼ぶ．

線形安定性解析の実際

　実際に第 4 章の数値計算で使った関数を使って，波長を推測してみる．前のセク

6.4 なぜパターンができるのか？- 線形安定性解析

ションで使った関数は以下のようなもので，数値計算は $0-1$ の間で行っている．

```
In[42]:= dx = 0.02; dt = 0.01; dp = 0.0002; dq = 0.01;
        f[p_, q_] := 0.6 p - q - p^3;
        g[p_, q_] := 1.5 p - 2 q;
```

数値計算を行うために，まず，初期値を p_0, q_0 とし，$f(p_0, q_0) = g(p_0, q_0) = 0$ として，p_0, q_0 を求める．

```
In[45]:= Solve[{f[p, q] == 0, g[p, q] == 0}, {p, q}]
Out[45]= {{p → 0., q → 0.}, {p → 0. - 0.387298 i, q → 0. - 0.290474 i},
         {p → 0. + 0.387298 i, q → 0. + 0.290474 i}}
```

明らかに虚数解は意味をなさないので，初期値は $p_0 = 0, q_0 = 0$ とする．

```
In[46]:= initialUV = Solve[{f[p, q] == 0, g[p, q] == 0}, {p, q}][[1]]
Out[46]= {p → 0., q → 0.}
```

次に，その初期値近傍での f_u, f_v, g_u, g_v を計算する．

```
In[47]:= fu = D[f[p, q], p] /. initialUV
Out[47]= 0.6
```

```
In[48]:= fv = D[f[p, q], q] /. initialUV
Out[48]= -1
```

```
In[49]:= gu = D[g[p, q], p] /. initialUV
Out[49]= 1.5
```

```
In[50]:= gv = D[g[p, q], q] /. initialUV
Out[50]= -2
```

次に，分散関係の関数を $Mathematica$ に求めさせる．

```
In[51]:= dispersionRelation =
         Solve[(λ - fu + dp k^2) (λ - gv + dq k^2) - fv gu == 0, {λ}]
Out[51]= {{λ → 0.0001 (-7000. - 51. k^2 -
           1. √(1.9×10^7 + 1.274×10^6 k^2 + 2401. k^4))}, {λ →
           0.0001 (-7000. - 51. k^2 + √(1.9×10^7 + 1.274×10^6 k^2 + 2401. k^4))}}
```

二つの解が出てくるが，それぞれをプロットしてみる．

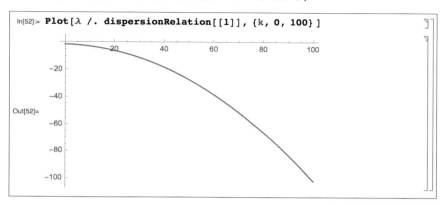

一つ目の関数に関しては，k が正の範囲ではほぼ負になるように見える．実際，式の形を見ると，

$$0.5(-1.4 - 0.0102k^2 - 0.0098\sqrt{15.3582 + k^2}\sqrt{515.254 + k^2}) \quad (6.63)$$

で，全ての項が負なので，こちらに関してはパターン形成は起きない．二つ目の関数では

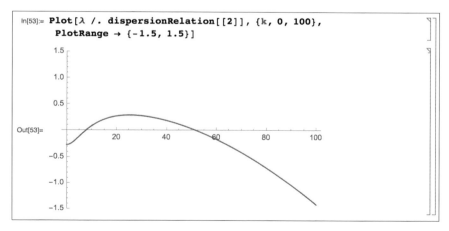

上のように，$k = 10 \sim 50$ の間で λ が正になる部分が存在するため，パターン形成がおこる事が分かる．また，グラフを見ると，$k = 20 \sim 30$ 前後にピークが

あるように見える．もう少し範囲を絞ってみる．

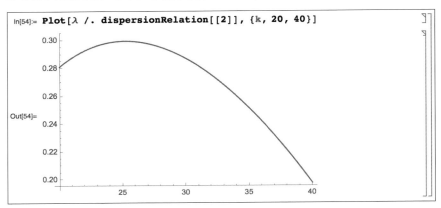

つまり，この系では，$0 \sim 2\pi$ の範囲内で一番出てきやすい波数は 25 であることがわかる．上の数値計算では範囲を $0 \sim 1$ としていたので，出てくる波の数は

```
In[55]:= 25. / (2. Pi)
Out[55]= 3.97887
```

で，だいたい 4 前後であると予測がつく．実際の数値計算の結果を見ても，だいたい $\pm 1 \sim 2$ 個前後で，ほぼ出てくるパターンの予測ができる事が分かる．

Turing space

さて，このようなことが生じるのはどの程度珍しい事なのだろうか？人工的に，パラメータをばりばりチューニングしてやらないと生じない事なのだろうか？まず，線形の系では，このようなチューリングパターンが生じる必要十分条件が既にわかっている．

$$f_u + g_v < 0 \tag{6.64}$$

$$f_u g_v - f_v g_u > 0 \tag{6.65}$$

$$d_v f_u + d_u g_v > 0 \tag{6.66}$$

$$(d_v f_u + d_u g_v)^2 - 4 d_u d_v (f_u g_v - f_v g_u) > 0 \tag{6.67}$$

である．さて，この条件は，どの程度起こりやすいものなのだろうか？

一時期流行した大自由度系の研究の成果の一つとして，ランダムに作られたネットワークでも非自明な面白い挙動を示す場合がある，というものがある．上述の条件は，ランダムにパラメータを決めるとどのくらいの確率で成り立つのであろうか？これをまず数値計算で示すために，モンテカルロ法（乱数を用いた数値計算）でこのパラメータ領域の大きさを見積もってやる．

```
In[56]:= count = 0;
For[i = 0, i < 1 000 000, i++,
 Module[{},
  fu = RandomReal[{0, 1}];
  fv = -RandomReal[{0, 1}];
  gu = RandomReal[{0, 1}];
  gv = -RandomReal[{0, 1}];
  du = RandomReal[{0, 1}];
  dv = RandomReal[{0, 1}];
  If[fu + gv < 0 && fu gv - fv gu > 0 && dv fu + du gv > 0 &&
    (dv fu + du gv)^2 - 4 du dv (fu gv - fv gu) > 0, count += 1
  ]
 ]
]
```

```
In[58]:= count
Out[58]= 9699
```

すべてのパラメータがランダムだと，約 1% の確率で上述の条件が成り立つことがわかる．100 に一つという可能性はそれなりに高いのだが，もっとこの可能性を上げる方法がある．それは，u と v の拡散係数比を大きくする，というものである．

```
In[59]:= count = 0;
For[i = 0, i < 1 000 000, i++,
 Module[{},
  fu = RandomReal[{0, 1}];
  fv = -RandomReal[{0, 1}];
  gu = RandomReal[{0, 1}];
  gv = -RandomReal[{0, 1}];
  du = RandomReal[{0, 1}];
  dv = 1000 du;
  If[fu + gv < 0 && fu gv - fv gu > 0 && dv fu + du gv > 0 &&
    (dv fu + du gv)^2 - 4 du dv (fu gv - fv gu) > 0, count += 1
  ]
 ]
]
```

```
In[61]:= count
Out[61]= 222 968
```

いきなり確率が跳ね上がっているのがわかると思う．実際，上で上げた必要十分条件のうち下の二つは，$d_u \ll d_v$ であれば自動的に成り立つ．従って，上の二つの条件のみとなり，これは

- ランダムに選んだ二つの数のうちどちらが大きいか
- ランダムに選んだ二つの数の積のうちどちらが大きいか

という二つが同時に成り立つ確率となるので，トータルで $1/4$ となる．

また，$Mathematica$ 8.0 から，`RegionPlot3D[]` という関数が使えるようになった．この関数によって，不等式が表す領域を三次元で表示させることができる．

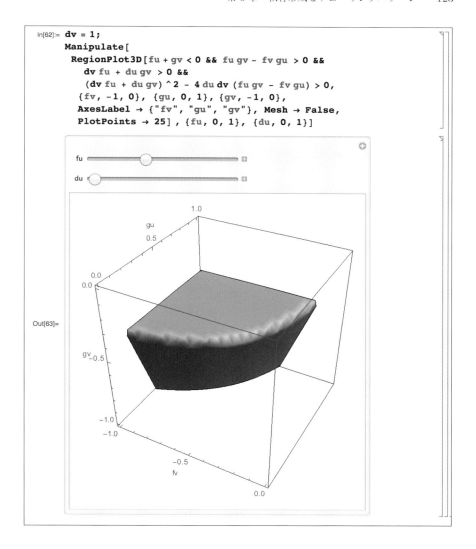

6.5 領域成長（Domain growth）

　さて，一次元の領域で周期的な構造ができるまではいいとして，実際の四肢の構造とはどのような対応がつけられるのであろうか？古典的な説明では，手の先端の部分の細長い領域のみでパターン形成が起こり，このパターンを引き延ばし

6.5 領域成長（Domain growth）

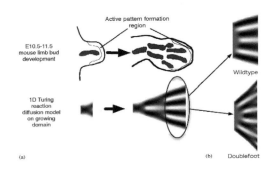

図 6.9 四肢の発生と領域成長 [33].

ていくと，等間隔を保とうとするメカニズムによって構造の数が増える，ということが起こる（図 6.9）．この現象は，元々熱帯魚の縞模様のダイナミクスで記載され [29]，そこから理論研究が発展した [30, 31, 32]．

これを実装してみよう．一番簡単に成長を再現する方法として，dx を少しずつ変化させてみる．たとえば，シミュレーション時間を 200 に設定して，その間に系の長さが 1 から 4 に変化するものとしてみる．

```
In[76]:= result = NestList[pqAfter1Time, {pInitial, qInitial},
           simulationLength]; // Timing
Out[76]= {7.550734, Null}
```

結果のうち，活性因子の時系列のみ取り出せるように行列を転置する．

```
In[77]:= result2 = Transpose[result, {3, 1, 2}];
```

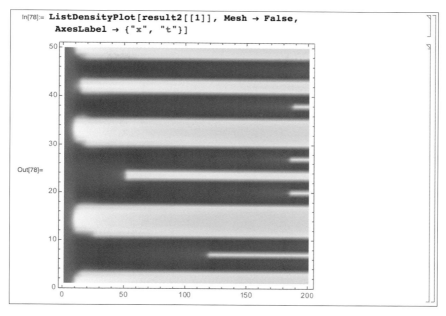

```
In[78]:= ListDensityPlot[result2[[1]], Mesh → False,
         AxesLabel → {"x", "t"}]
```

縦軸が空間分布，横軸が時間である．最初と最後の領域長を同じ長さで表しているが，実際には右側の方が4倍の長さがある．最初に形成されたパターンが枝分かれを起こして，4〜5つの山が倍以上の山に別れている．(ListDensityPlot[]では濃度の高い部分を白い色で表すので，白い部分を「山」と呼ぶ) このように，チューリング系には一定幅のパターンを生成してそれを維持しようとする働きがあるので，無理矢理組織を引き延ばしてやるとさらに多くの構造が形成される [31]．

次に，反応項の関数を少しだけ変えてみる．変化させたのは，$-1.2p^2$ の部分である．

```
In[79]:= dx = 0.02;

         f[p_, q_] := 0.6 p - q - 1.2 p^2 - p^3;
         g[p_, q_] := 1.5 p - 2 q;
```

```
In[82]:= result = NestList[pqAfter1Time, {pInitial, qInitial},
            simulationLength]; // Timing
Out[82]= {7.675963, Null}
```

6.5 領域成長 (Domain growth)

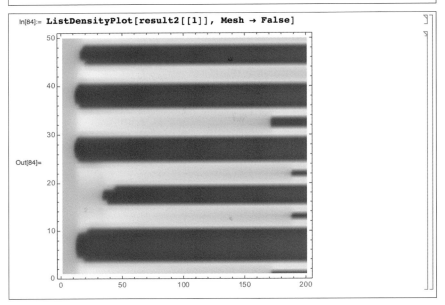

```
In[83]:= result2 = Transpose[result, {3, 1, 2}];
In[84]:= ListDensityPlot[result2[[1]], Mesh → False]
```

先程と同様に山の数は増えているが，その分かれ方が先程の例とは随分違う．先程は既に存在する山の間に別の山が形成されて数が増えていたのに，今回は一つの山が二つに分かれて数が増えている．この様式の差は，後述の反転対称性で理解できる（6.8 節）．

第 6 章 軟骨形成とチューリングパターン　127

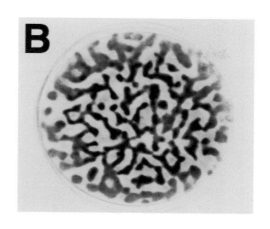

図 6.10　四肢の微小集積培養後に Alcian Blue 染色で軟骨組織を染色したもの．軟骨の領域が周期構造を形成する [34]．

6.6　二次元パターン：陰解法の効果

さて，前述のように，発生途中の肢芽の細胞を取り出してきて，いったんバラバラにしてから再度高密度で培養してやると，周期的な軟骨のパターンが生じる（図 6.10）．

この場合を数値計算で実装してみよう．二次元の数値計算は一次元とほぼ同様だが，図 6.11 のように x 方向と y 方向の両方からの物質の出入りを考える必要がある．

まず素直に陽解法で書いてみる．

6.6 二次元パターン：陰解法の効果

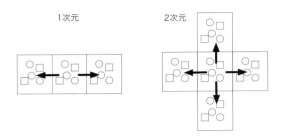

図 6.11 一次元と二次元の拡散の考え方．

```
In[85]:=  dx = 0.04; dt = 0.02; dp = 0.0002; dq = 0.01;
          pInitial = Table[Random[] * 0.01, {1/dx}, {1/dx}];
          qInitial = Table[Random[] * 0.01, {1/dx}, {1/dx}];

          f[p_, q_] := 0.6 p - q - p^3;
          g[p_, q_] := 1.5 p - 2 q;

          diffusion[l_] := RotateLeft[l] + RotateRight[l] - 2 l +
             RotateLeft[l, {0, 1}] + RotateRight[l, {0, 1}] - 2 l;

          diffusionP[l_] := dp * diffusion[l] / (dx * dx);
          diffusionQ[l_] := dq * diffusion[l] / (dx * dx);

          pqAfterDt[{p_, q_}] :=
              {
              p + dt * (f[p, q] + diffusionP[p]),
              q + dt * (g[p, q] + diffusionQ[q])
              }
          pqAfter1Time[l_List] := Nest[pqAfterDt, l, Round[1/dt]];
```

$t = 200$ まで数値計算を行う．

```
In[95]:=  result = NestList[pqAfter1Time, {pInitial, qInitial}, 200]; //
              Timing
Out[95]=  {52.972347, Null}
```

結果を `ListDensityPlot[]` を使って表示する．`result[[n,1]]` は，時刻 ndt の活性因子の分布を表す行列を取り出す，という意味である．

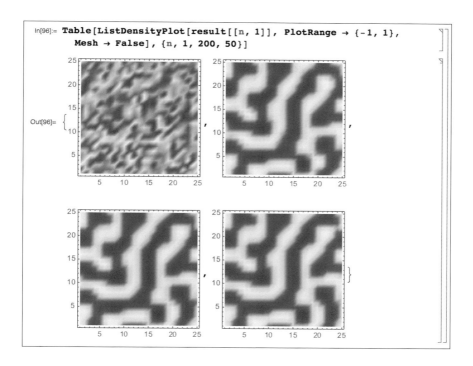

6.6.1 陰解法

上で見るように，二次元になると陽解法ではかなりの長時間が計算に費やされることがわかる．これだとパラメータをいろいろ振って試す，というのが結構おっくうになる．前述の陰解法を試してみよう．陰解法のスキームは以下のように書くことができる．

$$u[x, y, t + dt]$$
$$= u[x, y, t] + dt\, d_u/dx/dx(u[x+dx, y, t+dt] + u[x-dx, y, t+dt]$$
$$+ u[x, y+dy, t+dt] + u[x, y-dy, t+dt] - 4u[x, y, t+dt])$$
(6.68)

これは，`u[x,y,t]` の分布を表す行列 `U[t]`，拡散を表す行列 `k` を使って以下の

6.6 二次元パターン：陰解法の効果

ように書ける．

$$k \otimes U[t+dt] = U[t]. \tag{6.69}$$

ここで，

$$k = \begin{pmatrix} 1-4dtd_u/dx/dx & dtd_u/dx/dx & 0 & dtd_u/dx/dx \\ dtd_u/dx/dx & \cdots & 0 & 0 \\ 0 & 0 & \cdots & 0 \\ 0 & 0 & 0 & dtd_u/dx/dx \end{pmatrix} \tag{6.70}$$

である．$\otimes$ は畳み込みを意味する．ここで，「畳み込みは，フーリエ変換をかけた周波数領域ではかけ算になる」という性質を使うと，

$$[F[k] \times F[U[t+dt]] = F[U[t]] \tag{6.71}$$

$$F[U[t+dt]] = F[U[t]]/F[k] \tag{6.72}$$

$$U[t+dt] = IF[F[U[t]]/F[k]] \tag{6.73}$$

という形で簡単に計算ができる．`F[]` はフーリエ変換，`IF[]` は逆フーリエ変換を表す．

まず，数値計算のパラメータを定義する．

```
In[97]:= dx = 0.04; gridSize = 1/dx; dt = 0.5; dp = 0.0002; dq = 0.01;

    f[u_, v_] := u + dt (0.6 u - v - u^3);
    g[u_, v_] := v + dt (1.5 u - 2 v);
```

次に，上述の k という行列を定義する．

```
In[100]:= kernelU = Table[0, {gridSize}, {gridSize}];
```

```
In[101]:= kernelU[[1, 1]] = 1 + 4 dt dp / dx / dx;
    kernelU[[2, 1]] = -dt dp / dx / dx;
    kernelU[[-1, 1]] = -dt dp / dx / dx;
    kernelU[[1, -1]] = -dt dp / dx / dx;
    kernelU[[1, 2]] = -dt dp / dx / dx;
```

```
In[102]:= kernelV = Table[0, {gridSize}, {gridSize}];
```

第 6 章 軟骨形成とチューリングパターン　　131

```
In[103]:= kernelV[[1, 1]] = 1 + 4 dt dq / dx / dx;
        kernelV[[2, 1]] = -dt dq / dx / dx;
        kernelV[[-1, 1]] = -dt dq / dx / dx;
        kernelV[[1, -1]] = -dt dq / dx / dx;
        kernelV[[1, 2]] = -dt dq / dx / dx;
```

計算を出来るだけ速くするため，1/F[k] をあらかじめ計算して ku, kv という変数に代入しておく．

```
In[104]:= ku = 1 / (Fourier[kernelU]) / gridSize;
```

```
In[105]:= kv = 1 / (Fourier[kernelV]) / gridSize;
```

最後に gridSize で割っているのは，$Matahematica$ のフーリエ変換の標準化のやり方で $1/\sqrt{gridSize}$ という係数がかかるからである．この行列を使って，拡散の部分を計算する．反応項の計算 → フーリエ変換 → 行列のかけ算 → 逆フーリエ変換，という流れである．

```
In[106]:= oneStep[{u_, v_}] :=
        {InverseFourier[ku Fourier[f[u, v]]] // Chop,
         InverseFourier[kv Fourier[g[u, v]]] // Chop
        }
```

初期値は乱数で決定する．

```
In[107]:= uI = Table[RandomReal[{-0.1, 0.1}], {x, 1, gridSize},
        {y, 1, gridSize}];
```

```
In[108]:= vI = Table[RandomReal[{-0.1, 0.1}], {x, 1, gridSize},
        {y, 1, gridSize}];
```

シミュレーションの長さは陽解法の場合と同じにする．$dt = 0.5$ だから 400 回ループを回せば良い．

```
In[109]:= result = NestList[oneStep, {uI, vI}, 400]; // Timing
Out[109]= {4.653552, Null}
```

```
In[110]:= rg = {};
```

132   6.6 二次元パターン：陰解法の効果

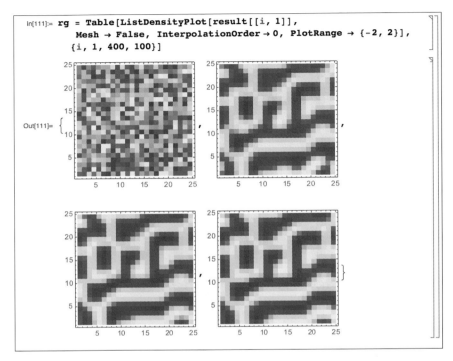

```
In[111]:= rg = Table[ListDensityPlot[result[[i, 1]],
          Mesh → False, InterpolationOrder → 0, PlotRange → {-2, 2}],
          {i, 1, 400, 100}]
```

計算時間が一桁以上短縮されることがわかると思う．この「dt が自由に取れる」という効果は，次元が上がるほど顕著になる．したがって，3次元のパターンになると更に効果的である．これを見てみよう．

6.6.2 三次元のチューリングパターン

まず，数値計算のパラメータを実装する．

```
In[112]:= gridSize = 32;
        dx = 1 / gridSize; dt = 1; du = 0.0004;
        dv = 0.004;
        f[u_, v_] := u + dt (0.6 u - v - u^3);
        g[u_, v_] := v + dt (1.5 u - 2 v);
```

次に，u の拡散項のためのカーネルを実装する．

```
In[115]:= kernelU = Table[0, {gridSize}, {gridSize}, {gridSize}];
```

```
In[116]:= kernelU[[1, 1, 1]] = 1 + 6 dt du / dx / dx;
         kernelU[[2, 1, 1]] = -dt du / dx / dx;
         kernelU[[-1, 1, 1]] = -dt du / dx / dx;
         kernelU[[1, -1, 1]] = -dt du / dx / dx;
         kernelU[[1, 2, 1]] = -dt du / dx / dx;
         kernelU[[1, 1, -1]] = -dt du / dx / dx;
         kernelU[[1, 1, 2]] = -dt du / dx / dx;
```

さらに，v の拡散項のためのカーネルを実装する．

```
In[118]:= kernelV = Table[0, {gridSize}, {gridSize}, {gridSize}];
```

```
In[119]:= kernelV[[1, 1, 1]] = 1 + 6 dt dv / dx / dx;
         kernelV[[2, 1, 1]] = -dt dv / dx / dx;
         kernelV[[-1, 1, 1]] = -dt dv / dx / dx;
         kernelV[[1, -1, 1]] = -dt dv / dx / dx;
         kernelV[[1, 2, 1]] = -dt dv / dx / dx;
         kernelV[[1, 1, -1]] = -dt dv / dx / dx;
         kernelV[[1, 1, 2]] = -dt dv / dx / dx;
```

```
In[121]:= ku = 1 / (Fourier[kernelU]) / gridSize^1.5;
```

```
In[122]:= kv = 1 / (Fourier[kernelV]) / gridSize^1.5;
```

ここで，ku, kv に 1/gridSize ∧1.5 がかかっているのは，*Mathematica* のフーリエ変換の標準化の係数を補正するためである．

更に，数値計算のための関数を定義する．

```
In[123]:= oneStep[{u_, v_}] :=
         {InverseFourier[ku Fourier[f[u, v]]] // Chop,
          InverseFourier[kv Fourier[g[u, v]]] // Chop
         }
```

u, v の初期分布を定義する．

```
In[124]:= uI = Table[RandomReal[{-0.5, 0.5}], {gridSize}, {gridSize},
              {gridSize}];
```

```
In[125]:= vI = Table[RandomReal[{-0.5, 0.5}], {gridSize}, {gridSize},
              {gridSize}];
```

実際の数値計算は，NestList[] を使って行う．

```
In[126]:= result = NestList[oneStep, {uI, vI}, 100]; // Timing
Out[126]= {55.802962, Null}
```

形成される構造は，`ListContourPlot3D[]`関数を使って可視化する．

```
In[127]:= ListContourPlot3D[result[[100, 1]], Contours → {0},
          Mesh → None]
```

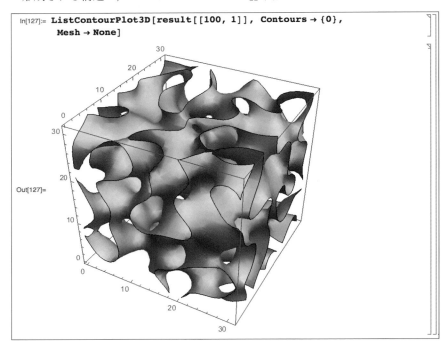

6.7 パターンの出現速度：線形安定性解析

この培養系で，培地に Fibroblast Growth Factor (FGF) と呼ばれるシグナル因子を添加すると，軟骨発生自体は抑制される．しかし，軟骨凝集の前段階の，周期構造が現れる時期は早くなる（図6.12）．このような，パターン形成が早くなる場合はどんなときだろう？

これは，先ほどの線形安定性解析の結果を考えると理解しやすい．初期状態の小さな振幅のノイズの中に含まれる波長がどのようなスピードで成長するかを考えると，最初に立ち上がってくるのは線形分散関係の中のピークの最も高いもの

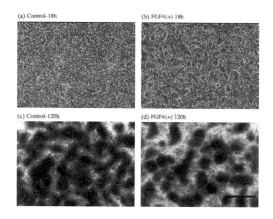

図 6.12 微小集積培養系への FGF の効果．最初のパターン形成の見られる時期は早くなるが，最終的な軟骨分化は抑制される．

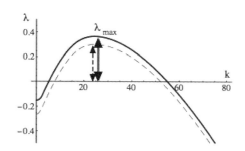

図 6.13 系のパラメータを変化させたときの分散関係の変化．最大値が大きい方がパターンの出現速度が早くなる．

である．したがって，このピークの値 λ_{max} が大きい方がパターンの出現速度が速くなる（図 6.14）．

この値を実際に求めてみよう．ただし，計算を単純にするため，k^2 を `k2` と表記する．

```
In[128]:= Clear[fu, fv, gu, gv, dp, dq, k2]
```

6.7 パターンの出現速度：線形安定性解析

まず線形分散関係を算出する．

```
In[129]:= dispersionRelation =
    λ /. Solve[(λ - fu + dp k2) (λ - gv + dq k2) - fv gu == 0, {λ}][[2]]
```

$$\text{Out[129]}= \frac{1}{2}\left(fu + gv - dp\,k2 - dq\,k2 + \sqrt{(-fu - gv + dp\,k2 + dq\,k2)^2 - 4\left(-fv\,gu + fu\,gv - dq\,fu\,k2 - dp\,gv\,k2 + dp\,dq\,k2^2\right)}\right)$$

次に，λ を k で微分した関数を求める．

```
In[130]:= dλdk = D[ dispersionRelation, {k2, 1}]
```

$$\text{Out[130]}= \frac{1}{2}\left(-dp - dq + \left(2\,(dp + dq)\,(-fu - gv + dp\,k2 + dq\,k2) - 4\,(-dq\,fu - dp\,gv + 2\,dp\,dq\,k2)\right) \Big/ \left(2\sqrt{(-fu - gv + dp\,k2 + dq\,k2)^2 - 4\left(-fv\,gu + fu\,gv - dq\,fu\,k2 - dp\,gv\,k2 + dp\,dq\,k2^2\right)}\right)\right)$$

この関数が 0 となる点が λ が最大となる点なので，その点の k をまず求める．

```
In[131]:= mostUnstableWavenumber = FullSimplify[Solve[{dλdk == 0}, k2]]
```

$$\text{Out[131]}= \left\{\left\{k2 \to \frac{\sqrt{-dp\,dq\,(dp^2 - dq^2)^2\,fv\,gu} + dp\,(dp - dq)\,dq\,(fu - gv)}{dp\,(dp - dq)^2\,dq}\right\},\right.$$
$$\left.\left\{k2 \to \frac{-\sqrt{-dp\,dq\,(dp^2 - dq^2)^2\,fv\,gu} + dp\,(dp - dq)\,dq\,(fu - gv)}{dp\,(dp - dq)^2\,dq}\right\}\right\}$$

この点での λ の値を算出する．拡散係数は 0 よりも大きい，という条件を付ける．

```
In[132]:= FullSimplify[dispersionRelation /.
    mostUnstableWavenumber[[1]], {dp > 0, dq > 0, dq - dp > 0}]
```

$$\text{Out[132]}= \frac{2\sqrt{-dp^3\,dq^3\,fv\,gu} + dp\,dq\,(-dq\,fu + dp\,gv)}{dp\,(dp - dq)\,dq}$$

d_p, d_q の最後の約分をしてくれていないので，手計算したものを λ_{max} として入力する．

```
In[133]:= λmax =  (2 √(-dp dq fv gu) + (-dq fu + dp gv)) / (dp - dq)

Out[133]= (-dq fu + 2 √(-dp dq fv gu) + dp gv) / (dp - dq)
```

となる．この値が，f_u を増やすとどうなるか考えてみる．

```
In[134]:= D[λmax, fu]

Out[134]= - dq / (dp - dq)
```

$d_q > d_p$ なので，この値は常に正になる．つまり，ポジティブフィードバック項が増加すると，パターンの出現速度は常に速くなることが言える．

このように，数理解析によって，数値計算をしなくても，特定のパラメータを振ったときに系の性質がどのように変化するか，かなり強い予測ができる．

6.8 縞模様か水玉模様か？ 系の反転対称性

6.8.1 レチノイン酸の影響

さて，この培養系で，培地にレチノイン酸という物質を加えると，軟骨パターンの様相が変化する（図 6.14）．具体的には，縞模様から水玉模様へと変化する．

このような，1 次元では出てこないパターンの特徴はどのように生じるのだろうか？ まず，数値計算を使ってパターンを再現してみる．

6.8.2 数値計算

まず，縞模様を出してみる．計算時間を早くするため，陰解法を用いる．

```
In[135]:= dx = 0.02; gridSize = 1 / dx; dt = 0.1; dp = 0.0002; dq = 0.01;
         f[u_, v_] := u + dt (0.6 u - v - u^3);
         g[u_, v_] := v + dt (1.5 u - 2 v);
```

```
In[138]:= kernelU = Table[0, {gridSize}, {gridSize}];
```

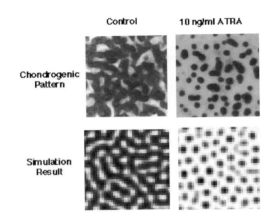

図 6.14 培養系にレチノイン酸 (ATRA) を加えた時の軟骨のパターン変化と, 数値計算による再現.

```
In[139]:= kernelU[[1, 1]] = 1 + 4 dt dp / dx / dx;
         kernelU[[2, 1]] = -dt dp / dx / dx;
         kernelU[[-1, 1]] = -dt dp / dx / dx;
         kernelU[[1, -1]] = -dt dp / dx / dx;
         kernelU[[1, 2]] = -dt dp / dx / dx;
```

```
In[140]:= kernelV = Table[0, {gridSize}, {gridSize}];
```

```
In[141]:= kernelV[[1, 1]] = 1 + 4 dt dq / dx / dx;
         kernelV[[2, 1]] = -dt dq / dx / dx;
         kernelV[[-1, 1]] = -dt dq / dx / dx;
         kernelV[[1, -1]] = -dt dq / dx / dx;
         kernelV[[1, 2]] = -dt dq / dx / dx;
```

```
In[142]:= ku = 1 / (Fourier[kernelU]) / gridSize;
```

```
In[143]:= kv = 1 / (Fourier[kernelV]) / gridSize;
```

```
In[144]:= oneStep[{u_, v_}] :=
            {InverseFourier[ku Fourier[f[u, v]]] // Chop,
             InverseFourier[kv Fourier[g[u, v]]] // Chop
            }
```

初期値は乱数で決定する.

第6章 軟骨形成とチューリングパターン　139

```
In[145]:= uI = Table[RandomReal[{-0.1, 0.1}], {x, 1, gridSize},
         {y, 1, gridSize}];
```

```
In[146]:= vI = Table[RandomReal[{-0.1, 0.1}], {x, 1, gridSize},
         {y, 1, gridSize}];
```

シミュレーションの長さは $t=40$ までとする．

```
In[147]:= result = NestList[oneStep, {uI, vI}, 400]; // Timing
Out[147]= {18.705841, Null}
```

```
In[148]:= rg = {};
```

```
In[149]:= rg = Table[ListDensityPlot[result[[i, 1]],
         Mesh → False, InterpolationOrder → 0, PlotRange → {-2, 2}],
         {i, 1, 400, 100}]
```

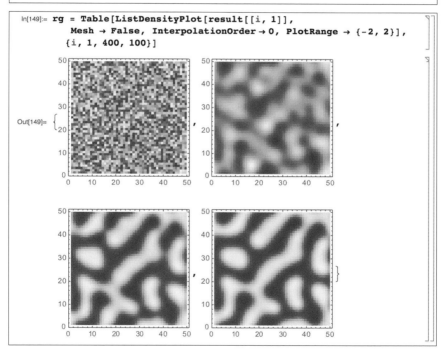

次に，水玉模様を再現してみる．基本的には，反応項に $-u^2$ を追加するだけである．

```
In[150]:= f[u_, v_] := u + dt (0.6 u - v - u^2 - u^3);
         g[u_, v_] := v + dt (1.5 u - 2 v);
```

140　　6.8　縞模様か水玉模様か？ 系の反転対称性

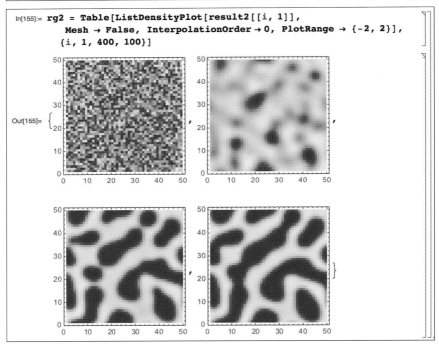

6.8.3　直感的説明

　このような，縞模様から水玉模様への変化は何がきっかけになって起こるのだろうか？非常に単純に言うと，これは反応項の反転対称性に依存する．たとえば，

反応の符号を反転した

$$\begin{pmatrix} U \\ V \end{pmatrix} = - \begin{pmatrix} u \\ v \end{pmatrix} \tag{6.74}$$

という変数変換を考える．これは，空間パターンの図（黒い領域）と地（白い領域）を逆転する操作に対応する．この場合，拡散項は符号が一緒に変化するので影響を受けない．反応項をテイラー展開で多項式近似したとき，奇数次の項は符号を反転しても影響を受けないが，偶数次の項は符号が常に正になるため性質が逆転する．先ほどの例だと，u^2 の項を反応項に追加したことにより，反転対称性が崩れている．

縞模様の図と地を反転しても縞模様のままだが，反転の図と地を反転すると網目模様になり，定性的にパターンが変化する．支配方程式に反転対称性がある場合，最終的なパターンにも反転対称性がないといけない．このことから，反応項に 2 次項が存在すると水玉（もしくは網目構造）となり，存在しない場合は縞模様になる，ということがわかる．

6.9 終わりに - 肢芽発生の現代的なモデリング

6.9.1 四肢のモデルの歴史

これまで肢芽発生での Turing パターンの応用をずっと述べてきた．しかし，これまで述べてきたモデルは四肢発生のモデルの中でもいわば「古典的」モデルに属する．もともと四肢発生の定式化の歴史は，1960 年代のエジンバラ大学の Ede の研究までさかのぼる [35]．

次に四肢の発生で周期構造の形成を扱ったのは Stuart Newman の 1979 年の Science 論文 [25] である．この論文は非常に影響があったのだが，一変数で自発的な周期構造が安定に形成される，という数学的に誤った主張をしていたため，後に批判を浴びることになる [36]．また，結局，活性因子, 抑制因子に相当する因子が何であるのか，具体的な分子メカニズムが結局見つかっていないことから，長らく controversial なままだった．ごく最近になって，活性因子, 抑制因子の実際の候補が同定されたので，もう少し生物学的な検証が始まることが期待される

[37, 38].

それに対して，最近になって，四肢の形状そのものを実際の実験からの計測データをもとに再構成しよう，という動きが盛んになっている．この流れも元々は1969年のEdeらの論文 [39] まで歴史はさかのぼるのだが，最近になってJames Sharpeや森下喜弘らが，光CTなどの計測機器のデータを用いて増殖率の分布の推定を行い，実際の細胞増殖の分布と比較した結果，細胞運動などの別のファクターが重要であろう，という事が明らかになりつつある [40][41]．このような，増殖の分布によって生物に特徴的な「かたち」を作る，というメカニズムは，前述の周期構造の解析と比べて単純なようで本質的に難しい．形の特性を記述する適切な関数がないからである．訓練された発生生物学者の眼で見て簡単に区別がつく形も，ではそれをどう表現するか，ということになるととても難しい．

第7章

創傷治癒

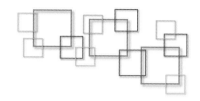

7.1 創傷治癒と細胞集団運動

　生物の発生と再生過程は，いろいろな場合に比較される．どちらも生物の形づくりの過程の一種なので，関与する遺伝子の種類や，形態形成のメカニズム等で共通する場面が多い．この章では再生過程の中から創傷治癒過程を取り上げる．

　生物の発生段階では，細胞が集団になって移動する過程がよく観察される．アフリカツメガエルでは，原腸陥入の時期に外胚葉性の組織が胚全体を覆う被包 (epiboly) という形態形成運動が見られる．また，ショウジョウバエでは，発生のある段階で，上皮組織が胚の背中側の領域を覆っていく 背側閉鎖 (dorsal closure) という過程が見られる．これらはどちらも，上皮細胞がきちんと隣の細胞同士とつながりながらシートとしてまとめて動いていく現象である．このような，細胞が組織としてのまとまりを保ちながら一斉に動く現象を 細胞集団運動 (Collective cell migration) と呼び，通常の単細胞レベルの細胞運動と区別する事が多い [42]．

　このような細胞の集団運動を記述する非常に単純な実験系として，創傷治癒系がある．いくつか種類があるのだが，一番単純な系では，培養皿上に細胞をコンフルエントになるまでに生やしておいて，そこから細胞の一部を削り取ってしまうと，その「傷」を埋めるように細胞が動いていく．細胞のない領域ができると，細胞のある領域が成長してその隙間を埋めていく，という動きである（図7.1）．

　この動きが一体なぜ生じるのか，粗視化して細胞密度の変化としてみるやり方

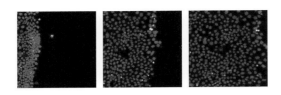

図 7.1 創傷治癒系の MDCK 細胞の動き．細胞の核を Hoechst 33342 で染色してある．

や，個々の細胞の挙動を追いかけるやり方の双方が考えられる．この章では，この現象のモデル化で用いられてきた二つのやり方を紹介し，それぞれの利点と欠点を考える．

7.2 古典的モデル：進行波解

創傷治癒のモデルの最も初期のものは，Sheratt, J. Murray らの数理生物学者らによる進行波解を使ったものである [43]．これは，細胞密度 n と，細胞から放出される化学物質 c を定義して，

- 細胞密度の時間変化 = 細胞運動 + 細胞増殖 - 細胞死
- 化学物質の時間変化 = 化学物質の拡散 + 細胞による化学物質の産生 - 減衰

と書いて，n の時間変化をみる，というものである．Murray らの使っている支配方程式は

$$\frac{\partial n}{\partial t} = D\Delta n + s(c)n\left(2 - \frac{n}{n_0}\right) - kn \tag{7.1}$$

$$\frac{\partial c}{\partial t} = D_c \Delta c + f(n) - \lambda c \tag{7.2}$$

というものである．二つの式を並べて比べてみると，まず，細胞運動はランダムで方向性がないものとして，拡散項で記述してあることがわかる．また，細胞増殖は，細胞が存在すると増殖するが，c の有無によって影響を受ける（$s(c)$）のと，

n がある程度大きい場合飽和効果があって成長が止まる，という形になっている．c は促進性，抑制性両方の場合を想定している．最後の $-kn$ の項は，細胞が自然に死んでいって減っていく，という性質を表している．

c に関しては，最初の項は化学物質の拡散を表している．2 番目の項は細胞による化学物質の産生を表しており，細胞があると化学物質が作られる，というものである．最後の $-\lambda c$ は，化学物質の分解を表す．

さて，このような系がどのような挙動を示すのか，系をさらに単純化してみてみよう．まず変数が 2 つだと少しややこしいので，c の拡散が早くてほぼ一定の値である，ということにしてしまう．さらに，n を適当に定数倍して標準化すると

$$n' = D\Delta n + n(1-n) \tag{7.3}$$

という形になる．このような形の支配方程式を フィッシャー方程式と呼ぶ．まず非常におおざっぱに，この支配方程式の性質を見てみよう．まず，空間分布がない場合の定常解（$n' = 0$）として，

$$n = 0 \tag{7.4}$$
$$n = 1 \tag{7.5}$$

があることはわかる．これは，細胞が全然ない領域と，細胞が正常に存在する領域を表す．これらの領域が空間的につながっている場合何が起こるであろうか？まず数値計算を書いてみる．

初めに，時間区切りと空間区切りを定義する．

```
In[1]:= domainSize = 100; dx = 1; dt = 0.1;
```

次に，初期状態を定義する．

```
In[2]:= n0 = Table[If[i < 0.1 domainSize / dx, 1, 0], {i, 1, domainSize / dx, 1}]
Out[2]= {1, 1, 1, 1, 1, 1, 1, 1, 1, 0, 0, 0, 0, 0, 0, 0, 0, 0, 0, 0, 0, 0, 0, 0, 0,
         0, 0, 0, 0, 0, 0, 0, 0, 0, 0, 0, 0, 0, 0, 0, 0, 0, 0, 0, 0, 0, 0, 0, 0, 0,
         0, 0, 0, 0, 0, 0, 0, 0, 0, 0, 0, 0, 0, 0, 0, 0, 0, 0, 0, 0, 0, 0, 0, 0, 0,
         0, 0, 0, 0, 0, 0, 0, 0, 0, 0, 0, 0, 0, 0, 0, 0, 0, 0, 0, 0, 0, 0, 0, 0, 0}
```

拡散係数は D_n とする．

7.2 古典的モデル：進行波解

```
In[3]:= Dn = 1;
```

拡散項は，モルフォゲンの濃度勾配のときと同様に 境界での物質の出入りがないと仮定して実装する (zero-flux condition).

```
In[4]:= left[n_List] := Prepend[Drop[n, -1], n[[1]]]
```

```
In[5]:= right[n_List] := Append[Drop[n, 1], n[[-1]]]
```

```
In[6]:= diffusion[n_] := Dn (left[n] - n + right[n] - n) / dx / dx
```

```
In[7]:= Clear[dndt]
```

```
In[8]:= dndt[n_] := n + dt (n (1 - n) + diffusion[n])
```

```
In[9]:= n = NestList[dndt, n0, 1000];
```

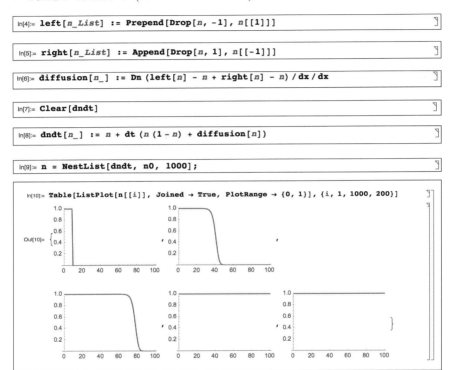

```
In[10]:= Table[ListPlot[n[[i]], Joined → True, PlotRange → {0, 1}], {i, 1, 1000, 200}]
```

$n = 1$ の領域が，$n = 0$ の領域を浸食していって，最後にすべて $n = 1$ になってしまうような動きをする．また，単純な拡散現象と異なり，$n = 1$ の領域が進んでいくときの濃度のプロフィールはそれほど変わらないように見える．

また，この時間プロフィールを二次元で書いてみると以下のようになる．

第 7 章 創傷治癒

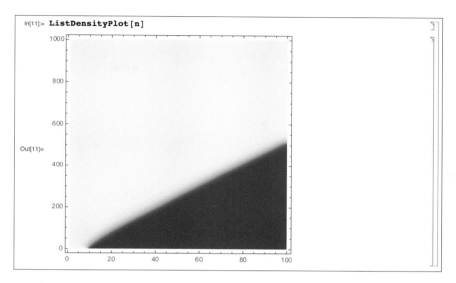

一定速度で，$n=1$ の領域が $n=0$ の領域に向かって進んでいくのがわかる．このような，ある形の空間分布が一定の速度で進んでいくような形の解の事を進行波解と呼ぶ．フィッシャー方程式が進行波解をもつことを以下に示す．

まず，以下の形のフィッシャー方程式を考える．

$$\frac{\partial u}{\partial t} = d_u \Delta u + u(1-u) \tag{7.6}$$

d_u は細胞の拡散を表す．この形の反応項の u と u' の関係をプロットしてみると，

```
In[12]:= Clear[f, g]
```

```
In[13]:= f[u_] := u (1 - u)
```

```
In[14]:= f[u]
Out[14]= (1 - u) u
```

7.2 古典的モデル：進行波解

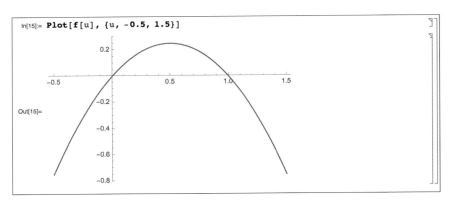

```
In[15]:= Plot[f[u], {u, -0.5, 1.5}]
```

$u = 0, u = 1$ で $u' = 0$ となることから，この二つが平衡点となる．しかし，$u = 0$ 近傍では，u が 0 よりも少しでも小さいと $u' < 0$ となってさらに小さくなり，逆に u が 0 よりも少しでも大きいと $u' > 0$ となってさらに大きくなる．したがって，この平衡点は安定ではない．$u = 1$ については，u が 1 より少しでも大きくなると $u' < 0$ よりズレを修正する方向に働く．$u > 1$ なら $u' < 0$ となり，やはりズレを修正して $u = 1$ に収束するように動く．このことから安定平衡点は $u = 1$ のみであり，$u : 0 \to 1$ のみに進行する進行波が存在する．

フィッシャー方程式には以下のような特殊解が存在することが知られている．

$$u(x,t) = \frac{b^2 Exp[\alpha(x - Vt) + \alpha c]}{\left(\pm 1 + bExp\left[\frac{1}{2}(\alpha(x - Vt) + \alpha c)\right]\right)^2} \tag{7.7}$$

ただし，

$$V = \frac{5\sqrt{6d_u}}{6\tau}, \alpha = -\frac{\sqrt{6d_u}}{3d_u}, (b, c): 任意定数 \tag{7.8}$$

である．これを確かめてみる．

```
In[16]:= Clear[τ, du]
```

```
In[17]:= V = (5 √(6 du))/(6 τ); α = -(√(6 du))/(3 du);
```

```
In[18]:= Fishersol = (b² Exp[α (x - V t) + α c])/((1 + b Exp[½ (α (x - V t) + α c)])²);
```

```
In[19]:= lhs = FullSimplify[τ D[Fishersol, t]];
```

```
In[20]:= rhs = FullSimplify[f[Fishersol] + du D[Fishersol, x, x]];
```
```
In[21]:= FullSimplify[rhs - lhs]
Out[21]= 0
```

ということで，左辺と右辺が一致するので，上の特殊解は上記の方程式を満たす．また，この式の形をよく見てみると，

$$u(x,t) = u(x - Vdt, t + dt) \tag{7.9}$$

という形になっていて，波形が一定のまま一定速度 V で動くことがわかる．

7.3　細胞個々の挙動：バネ質点モデル

7.3.1　細胞の運動－粗密波の進行

上で説明したモデルは，挙動が非常によくわかっていて，数学的な解析がしやすい利点がある．しかし，実際の細胞の挙動が見えてくると，本当にこのメカニズムを用いているのか，いろいろと疑問が出てくる．例えば，実際に細胞培養系での細胞の挙動では，細胞分裂や細胞死はあまり見られない．また，個々の細胞の軌跡がきちんと見えるので，この現象を平均化して細胞密度で扱ってしまうといろいろなものが抜け落ちてしまう．たとえば，実際の細胞は，創傷ができた部分から移動していって傷を塞ぐのだが，その移動方法はかなり特徴的である．傷に近い先頭の細胞から順番に動いていくのだが，静止した状態＞速く動く状態＞ゆっくり動く状態，のように変化し，粗密波が伝わっていくように見える（図 7.2）．

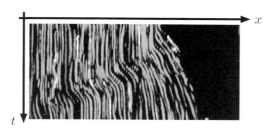

図 7.2　Wound Healing 系の細胞の動きの kymograph．

このような，細胞個々の動きの特徴をとらえるのは，上述のような「細胞密度」で分布を表してしまうと難しい．ここでは，個々の細胞の核の位置を点で表してしまい，その運動をとらえる，というやり方をする．

まず，現象をよく見て，細胞がどう動いているかに関して直感的な理解をする．まず，細胞増殖がほとんどないのに細胞が動いている事から，一つの細胞が占めている面積が実験前より実験後の方が増えていることがわかる．したがって，実験を始める段階では，個々の細胞はぎゅうぎゅうに詰まっていて，それが，一部の細胞が傷がついていなくなったことにより，細胞同士が押し合いへし合いして空いている領域に出て行ってしまう，という描像が考えられる．

7.3.2 質点の相互作用モデル

この状況を定式化してみよう．まず，簡単に考えるため，縦方向の細胞の分布は無視して，一次元で細胞が動くものと考える．実験を始める段階では細胞同士が距離 d_0 だけ離れているが，実際には距離 d が一番細胞にとって「居心地が良い」と考える．各細胞を質点とみなし，その座標を $r_1, r_2, \ldots, r_n$ とおき，r_1 は傷から一番離れているために動かず，r_n が傷に面していて一番はじめに動き出す，とする．細胞の間の相互作用は，細胞の間の距離が最適な距離 d になるようにお互いを修正しながら動く，とする（図 7.3）．

すると，たとえば r_2 が左から受ける力は $r_2 - r_1 - d$, 右から受ける力は

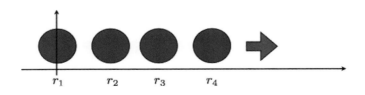

図 7.3 モデルの定義.

$r_3 - r_2 - d$ となる．つまり，支配方程式は以下のようになる．

$$\frac{dr_i}{dt} = k\left((r_{i-1} - r_i - d) - (r_{i+1} - r_i - d)\right)(1 < i < n-1) \quad (7.10)$$

$$r_1 = 0 \quad (7.11)$$

$$\frac{dr_n}{dt} = k\left(-(r_{i-1} - r_i - d)\right) \quad (7.12)$$

次に，この数値計算を実装してみる．まず，数値計算のパラメータを指定する．

```
In[22]:= dt = 1; d0 = 0.8; d = 1; k = 0.2; cellNumber = 20;
        simulationLength = 1000;
```

各点の座標の位置は r という数列で表す．

```
In[23]:= r = Table[d0 n, {n, 0, cellNumber - 1}]
Out[23]= {0., 0.8, 1.6, 2.4, 3.2, 4., 4.8, 5.6, 6.4, 7.2,
         8., 8.8, 9.6, 10.4, 11.2, 12., 12.8, 13.6, 14.4, 15.2}
```

さらに，短い時間の間の各点の動きを表す関数を作る．r_0 は動かず，r_n は右の細胞からの影響を受けない，という形の関数になっている．左端の点に関しては，`RotateLeft[]`, `RotateRight[]` 等で計算した点の影響を除くような項を入れている．

```
In[24]:= drdt[r_] := Module[{l},
         l = RotateLeft[r] + RotateRight[r] - 2 r;
         l[[1]] = 0;
         l[[-1]] = l[[-1]] - (r[[1]] - r[[-1]] - d);
         r + dt k l
         ]
```

実際の計算は `NestList[]` で行う．

```
In[25]:= result = NestList[drdt, r, simulationLength]; // Timing
Out[25]= {0.044104, Null}
```

計算結果を，先ほどの実験結果と経過時間と各細胞の距離との関係 (kymograph) で表示する．

7.3 細胞個々の挙動：バネ質点モデル

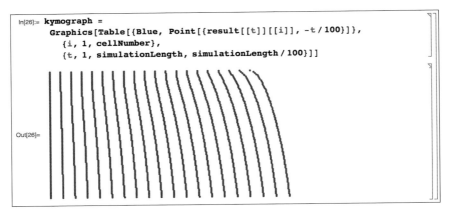

```
In[26]:= kymograph =
    Graphics[Table[{Blue, Point[{result[[t]][[i]], -t/100}]},
      {i, 1, cellNumber},
      {t, 1, simulationLength, simulationLength/100}]]
```

どうも先ほどの実際の実験結果の kymograph とかなり様相が違うことがわかると思う．細胞が前進するところまでは似ている．しかし，実際の実験結果では特定の領域だけ進行速度が速かったり，進行波がすぎた後に細胞の位置が振動したりする現象が生じたが，この数値計算の結果では，単に細胞がだらだら広がっていくだけに見える．

さて，数値計算をやっただけでは，実はパラメータをうまく取ったらこの系でも振動的な挙動が出せるかもしれない，という疑いは残る．そのため，きちんと解析をしてみる．この支配方程式は，

$$\vec{r} = (r_1, r_2 - d, r_3 - 2d, ..., r_n - (n-1)d)^T \tag{7.13}$$

$$\tag{7.14}$$

$$A = \begin{pmatrix} 0 & 0 & & & & \\ k & -2k & k & & & \\ & & ... & & & \\ & & & k & -2k & k \\ & & & & k & -k \end{pmatrix} \tag{7.15}$$

と置くと

$$\frac{d\vec{r}}{dt} = A\vec{r} \tag{7.16}$$

と書くことができる．このような場合,

$$A\vec{r_0} = \lambda \vec{r_0} \tag{7.17}$$

となるような λ を A の固有値と呼ぶが，これを用いて r の解を

$$\vec{r} = \vec{r_0} e^{\lambda t} \tag{7.18}$$

と書くことができる．このような場合，λ の実部の符号が正であれば解は発散し，負なら 0 に収束する．また，λ に虚部が存在すれば系が振動する，ということができる．この場合，「実数の対称行列では，固有値はすべて実数である」という性質を使うと，この系では振動現象は起こらない事が簡単にわかる．

　もう少し物理的な観点から端的に言うと，この系は，r を物質の濃度としてとらえると，拡散方程式を離散化して解いているのと理屈の上では全く同じである．したがって，反応項として特殊な効果を入れない限り，振動的な現象は生じない．

7.3.3　バネ質点モデル

　さて，前述の系はなにが足りなかったのだろうか？図を良く観察してみると，地震や音の波が伝わっていくような現象とよく似ていそうである．そこで，ここでは，細胞個々の相互作用は，物理で言うところの「力」がかかる，とし，隣の細胞との距離は，細胞の加速度に影響を与える，とする．物理学の例で言うと，質点をバネでつないだのと同じモデルとなる．すると，上述の力が，速度ではなく加速度となるので，支配方程式は以下のようになる．

$$\frac{d^2 r_i}{dt^2} = k\left((r_{i+1} - r_i - d) - (r_{i-1} - r_i - d)\right) \tag{7.19}$$

$$r_1 = 0 \tag{7.20}$$

$$\frac{d^2 r_n}{dt^2} = k\left(-(r_{i-1} - r_i - d)\right). \tag{7.21}$$

時間の二次微分に相互作用がかかる，というのは実際の計算がどうなるかというと，個々の細胞の速度 v_i を定義して，速度に応じて座標が変化する，という形に

7.3 細胞個々の挙動：バネ質点モデル

する．

まず，数値計算のパラメータを指定する．

```
In[27]:= d0 = 0.9; d = 1; k = 0.5; cellNumber = 20; dt = 0.02; time = 30;
        simulationLength = Round[time / dt];
```

次に，各細胞の座標を r という数列で定義する．

```
In[28]:= r = Table[d0 n, {n, 0, cellNumber - 1}]
Out[28]= {0., 0.9, 1.8, 2.7, 3.6, 4.5, 5.4, 6.3, 7.2, 8.1,
         9., 9.9, 10.8, 11.7, 12.6, 13.5, 14.4, 15.3, 16.2, 17.1}
```

この際，細胞は完全に等間隔ではなく，先頭の部分は他の部分よりも細胞密度が高い，というように設定する．

```
In[29]:= r[[-3]] = 14.9; r[[-2]] = 15.4; r[[-1]] = 15.9;
```

先ほどのモデルと違い，各細胞の「速度」を指定しないといけない．

```
In[30]:= v = Table[0, {n, 0, cellNumber - 1}]
Out[30]= {0, 0, 0, 0, 0, 0, 0, 0, 0, 0, 0, 0, 0, 0, 0, 0, 0, 0, 0, 0}
```

さらに，速度および座標の変化を指定する関数を作る．

```
In[31]:= f[{r_, v_}] := Module[{l, v2, r2},
         l = RotateLeft[r] + RotateRight[r] - 2 r;
         l[[1]] = 0;
         l[[-1]] = l[[-1]] - (r[[1]] - r[[-1]] - d);
         v2 = v + dt k l;
         r2 = r + dt v;
         {r2, v2}
        ]
```

数値計算は以下のようになる．

```
In[32]:= result = NestList[f, {r, v}, simulationLength];
```

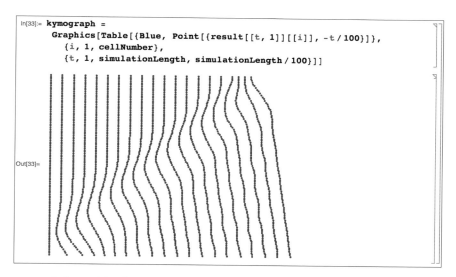

　このように，早く動く領域が広がっていったり，動いた後でかすかに振動が見られたりと，実験でも見られた詳細な挙動まで再現してくれるため，この支配方程式はかなりよく現象の本質をつかんでいると考えられる．

　この系に関しても，上述のような解析をしてみると，固有値 λ が常に虚数になって，振動的な挙動が必ず出現することがわかる．またこの系は単純な弾性体と同じで，系の連続極限をとると波動方程式になるので，進行波解等が存在することもすぐにわかる．

7.3.4　物理的な意味の「力」なのか？

　この支配方程式は，物理で出てくるバネ質点系と本質的には同じである．しかし，この現象で出てくる粗密波は 12 時間で数百 μm 程度と，きわめてゆっくり動く．このような物性を満たす物質があるとはとても思えない．別の観点で言うと，摩擦力は長さの 2 乗，慣性は長さの 3 乗で効いてくる．このような小さい空間スケールでは，慣性よりも粘性が優位になっているはずで，相互作用が時間の 2 乗で効いているからといって，物理的な意味での「力」が働いている訳ではなさそうである．このように，系の挙動が再現できたからといってそれで現象が理解で

きた訳ではなく，そのメカニズムが実際にどのように実装されているかをきちんと考える，という新たな問題が生じてくる．

7.4 おわりに

創傷治癒系に関して，細胞密度を用いて進行波解で扱うやり方と，質点系として扱うやり方の2つを紹介した．前者に関しては現象のいろいろな部分が抜け落ちてしまうが，数理的な取り扱いは楽である．後者に関しては個々の細胞の挙動は見られるが，解析は連続近似してしまった方が簡単である．それぞれのやり方を状況によって使い分ける事が必要となる．

第8章

枝分かれ構造形成

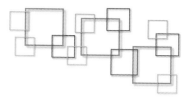

8.1 生物，無生物の枝分かれ構造形成

　生物の体の中には，無数の枝分かれ構造がある [44]．組織レベルで言えば外分泌腺は枝分かれ構造をしている．また，臓器別に考えても，血管，唾液腺，乳腺，肺，肝臓，腎臓，前立腺など，多くの器官が枝分かれ構造を持っている．また，空間スケールを変えてみると，一つの細胞でも，小脳のプルキンエ細胞のようにきれいな枝分かれ構造をつくるものもある．このような，生物の枝分かれ構造はどのようにして生じるのだろうか？

　このような枝分かれ構造は，生物の系に限らず，様々な自然現象で見られる．身近に感じられるものの一例として，結晶成長がある [45]．雪の結晶は，外からデザインを与えている訳でもないのに非常にきれいな構造を形成する（図8.1）．この雪の結晶成長に関しては，北大の中谷宇吉郎の研究 [46] が有名で，日本人にとってはなじみ深い．また，雷の枝分かれは，絶縁破壊と呼ばれる現象である．さらに，生卵に醤油をたらしてしばらく白身と醤油の界面を観察していると，卵が新鮮であれば無数の枝分かれが生じる．これは，粘性の低い流体を高い流体に押し込む場合に生じる現象で，粘性突起と呼ばれる．

　これらのパターン形成に共通する性質は，「出っ張った部分が延びやすい」という性質がある場合に生じる，というものである．雪の結晶の場合，尖った部分は熱を放出しやすいので更に結晶が増えやすい．絶縁破壊の場合，電気が通るよう

図 8.1 雪の結晶．土居利位「雪華図説」2 より．

になっている部分の形状が尖っていると，その周囲の電気が通りにくい部分の電圧の勾配が大きくなるので更に破壊されやすくなる．粘性突起の場合，尖っている部分の方が圧力の勾配が急になり，界面が進みやすくなる．

この章では，このような枝分かれ構造を形成する3種類のモデルー拡散律速凝集 (Diffusion-limited aggregation)，フェーズフィールド法 (Phase Field method) および L システム (L-system) について説明する．

8.2 拡散律速凝集

昔からよく知られている枝分かれ構造形成を起こすやり方に，拡散律速凝集 (Diffusion-limited aggregation, DLA) がある．これは，初期状態で結晶の種のような点を準備しておき，各ステップで粒子を適当な境界から格子上をランダムウォークさせてやる．その粒子が「種」に隣接する点に来た場合，そこで拡散を終えて，その点の部分も構造の一部として，次の粒子を境界から放ってやる．このプロセスを繰り返す事で，樹状構造が成長していく．

実際に数値計算を書いてみよう．まず，格子のサイズを指定する．

```
In[1]:= gridNumber = 60;
```

次に，二次元の格子を表す数列を指定する．

第 8 章 枝分かれ構造形成

```
In[2]:= grid = Table[Table[0, {gridNumber}], {gridNumber}];
```

さらに，種となる点を指定する．これによって，中央に一つだけ一となる点ができる．

```
In[3]:= grid[[gridNumber/2, gridNumber/2]] = 1;
```

この状態を表示する．

```
In[4]:= ArrayPlot[grid]
```

Out[4]=

次に，粒子のランダムな動きを実装するための数列を定義する．

```
In[5]:= motion = {{1, 0}, {0, 1}, {-1, 0}, {0, -1}};
```

また，現在の粒子の座標の隣に「種」が存在するかどうかを判定する関数を定義する．`neighbor[]` が 0 以外の値であれば，周辺に「種」が存在することになる．

```
In[6]:= neighbor[{x_, y_}] := grid[[b[x+1], y]] + grid[[b[x-1], y]] +
        grid[[x, b[y+1]]] + grid[[x, b[y-1]]];
```

このモデルでは周期境界条件を仮定し，拡散している粒子がグリッドの外に出てしまった場合，反対側から再度現れる，という形にする．

```
In[7]:= b[x_] := Mod[(x-1), gridNumber] + 1;
```

また，各粒子を最初に置く場所を指定する関数を定義する．これは，4 辺のうち

のどこかに粒子を置くような形になっている．

```
In[8]:= initialPoint :=
    {{Random[Integer, {1, gridNumber}], 1},
     {1, Random[Integer, {1, gridNumber}]},
     {Random[Integer, {1, gridNumber}], gridNumber},
     {gridNumber, Random[Integer, {1, gridNumber}]}}[[
    Random[Integer, {1, 4}]]]
```

実際の計算は Do ループを用いて記述する．

```
In[9]:= Do[p = initialPoint;
    While[neighbor[p] == 0,
     Module[{},
      p = b[p + motion[[Random[Integer, {1, 4}]]]]]];
    grid[[p[[1]], p[[2]]]] = 1;
    , {300}] // Timing
Out[9]= {9.892803, Null}
```

結果は `ArrayPlot[]` を用いて表示する．

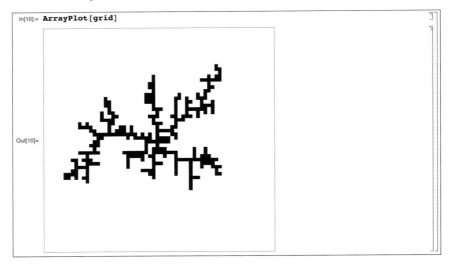

この方法を使って，Kaandorp らは海中での珊瑚の成長のモデル化を行った [47]．海中に漂う栄養が珊瑚に吸着して，その部分が成長する，という形のモデルである．定性的には枝分かれ構造の形成が説明できるとはいえ，たとえば枝分かれから囊胞構造への変化はこの定式化だと実装がむずかしい．次に，結晶成長で同様によく用いられる Phase Field 法を用いた枝分かれ構造の形成 [48] について説

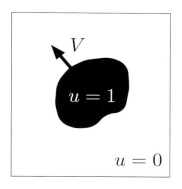

図 8.2 界面方程式の説明．$u=1$ の領域（黒）が $u=0$ の領域（白）を侵食していく．

明する．

8.3 Phase Field 法による枝分かれ構造形成の実装

8.3.1 界面方程式とは

界面方程式とは，ある構造が成長して構造を作る場合に，界面のそれぞれの点がどのような速さで進むか，その進行速度と環境の関係を定式化しようとするものである．たとえば，ある程度の弾性があって，尖った構造が作られにくい，表面張力をもつ界面の運動を考えよう．このような運動は，界面の法線方向への進行速度を V とすると

$$V = f(v) + \sigma\kappa \tag{8.1}$$

という形で表される．ここで，v は電圧，圧力，温度など，界面の進行速度を制御する因子である．また，κ は界面の曲率，σ は表面張力の強さを表す係数である．この v の分布の仕方によって，界面の不安定性が生じる．

このような方程式を数値計算する場合，直接界面上の点をすべて定義して書いてしまうやり方がまず考えられる．しかし，これは実は，界面同士が接触しているかどうかの判定が意外と大変である．ここでは，表面張力付きの界面の運動をある

種の反応拡散方程式の進行波解で表現する,という「Phase Field 法」を用いる.

8.3.2 Phase Field 法

まず 8.1 式を忘れて,以下の方程式を考える.

$$\frac{\partial u}{\partial t} = d_u \Delta u + u(1-u)(u-a) \tag{8.2}$$

ただし,$0 < a < 1$ とする.このような形の方程式を Allen-Cahn 方程式と呼ぶ.この方程式の挙動を考えてみる.まず a を指定する.

```
In[11]:= a = 0.4;
```

反応項をプロットしてみる.

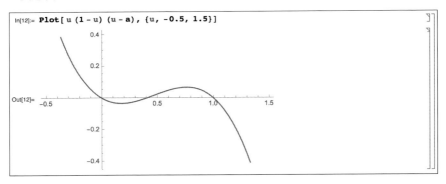

```
In[12]:= Plot[ u (1 - u) (u - a), {u, -0.5, 1.5}]
```

$u = 0, 0.4, 1$ で $u' = 0$ となることがわかる.また、値を少し増減させた時に $u' = 0$ の符号がどうなるかを考えると、$u = 0, 1$ が安定、$u = 0.4$ が不安定であることがわかる.

次に、a を変化させてみる.

```
In[13]:= a = 0.6;
```

変化させた a で反応項をプロットしてみる.

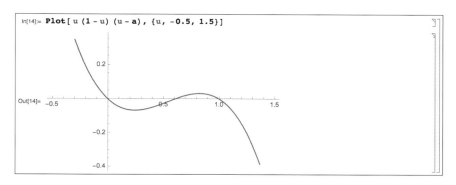

このプロットでも，$u=0$ と $u=1$ の 2 点が安定，$u=0.6$ が不安定となることがわかる．この曲線はもう一点，$u=a$ を横切るので，u の初期値が a より大きいか小さいかでどちらの解に落ち着くかが決まる．

つぎに，この方程式で，$u=0$ の領域と $u=1$ の領域がつながっていると考える．すると何が起きるだろうか？直感的には，$a>1/2$ ならば，$u=0$ の方が解の点を引き寄せる力が強いので，$u=0$ の領域が広がっていくと予想される．$a<1/2$ ならば逆に $u=1$ の領域が広がっていくと思われる．$a=1/2$ ならば双方の解の強さが一緒なので，界面は動かないと思われる．

7 章で扱った Fisher 方程式では，$u=0$ が不安定，$u=1$ が安定であった．従って，進行波解は常に $u=1$ が $u=0$ を浸食する方向に動く．それに対して，Allen-Cahn 方程式では，進行波解はどちらの方向にも動くことができる．

8.3.3 進行波解

Allen-Cahn 方程式には，以下のような特殊解が存在する事が知られている．

$$u(x,t) = \frac{1}{2}\left(1 - Tanh\left[\frac{x-Vt}{2\sqrt{2d_u}}\right]\right) \tag{8.3}$$

ただし，

$$V = \sqrt{2d_u}(1/2 - a) \tag{8.4}$$

である．これは，$u=\phi(x-Vt)$ の形になっているので，進行波解である．

これを確かめてみる．まず使う変数に値が代入されていると困るので，消去する．

8.3 Phase Field 法による枝分かれ構造形成の実装

```
In[15]:= Clear[d, u, v, a]
```

次に，界面の進行速度 V を定義する．

```
In[16]:= V = √(2 d_u) (1/2 - a);
```

反応項を定義する．

```
In[17]:= f[u_] := u (1 - u) (u - a);
```

知られている解の形を sol という変数にいれる．

```
In[18]:= sol = 1/2 (1 - Tanh[(x - V t)/(2 √(2 d_u))]);
```

左辺を計算する．

```
In[19]:= lhs = D[sol, t]
```

$$\text{Out[19]}= -\frac{1}{4}\left(-\frac{1}{2}+a\right)\text{Sech}\left[\frac{x-\sqrt{2}\left(\frac{1}{2}-a\right)t\sqrt{d_u}}{2\sqrt{2}\sqrt{d_u}}\right]^2$$

右辺を計算する．

```
In[20]:= rhs = f[sol] + d_u D[sol, {x, 2}]
```

$$\text{Out[20]}= \frac{1}{2}\left(-a+\frac{1}{2}\left(1-\text{Tanh}\left[\frac{x-\sqrt{2}\left(\frac{1}{2}-a\right)t\sqrt{d_u}}{2\sqrt{2}\sqrt{d_u}}\right]\right)\right)$$
$$\left(1+\frac{1}{2}\left(-1+\text{Tanh}\left[\frac{x-\sqrt{2}\left(\frac{1}{2}-a\right)t\sqrt{d_u}}{2\sqrt{2}\sqrt{d_u}}\right]\right)\right)\left(1-\text{Tanh}\left[\frac{x-\sqrt{2}\left(\frac{1}{2}-a\right)t\sqrt{d_u}}{2\sqrt{2}\sqrt{d_u}}\right]\right)+$$
$$\frac{1}{8}\text{Sech}\left[\frac{x-\sqrt{2}\left(\frac{1}{2}-a\right)t\sqrt{d_u}}{2\sqrt{2}\sqrt{d_u}}\right]^2\text{Tanh}\left[\frac{x-\sqrt{2}\left(\frac{1}{2}-a\right)t\sqrt{d_u}}{2\sqrt{2}\sqrt{d_u}}\right]$$

一見同じ値には見えないが，式を簡単にしてみる．

```
In[21]:= FullSimplify[rhs - lhs]
Out[21]= 0
```

ということで，左辺と右辺が一致する．したがって，(8.3) は (8.2) の解となっている．

8.3.4 数値計算

さらに,簡単な数値計算で,進行波解の速度を確かめてみる.境界条件は Zero-flux を用いる.

```
In[22]:= domainSize = 100; dx = 1; d_u = 1; a = 0.4;
        dt = 0.25 dx^2 / d_u; n = Round[domainSize / dx];
        f[u_] := u (1 - u) (u - a);

        pInitial = Table[If[x < 10, 1, 0], {x, 1, n}];

        diffusion[l_] := Append[Drop[l, 1], l[[-1]]] + Prepend[Drop[l, -1], l[[1]]] -
            2 l;

        diffusionP[l_] := d_u * diffusion[l] / (dx * dx);

        pqAfterDt[p_] :=
            p + dt * (f[p] + diffusionP[p]);
        pqAfter1Time[l_List] := Nest[pqAfterDt, l, Round[1/dt]];
```

この系の時間刻みは

```
In[30]:= dt
Out[30]= 0.25
```

で,解析的に予測される速度は

```
In[31]:= v
Out[31]= 0.141421
```

となる.したがって,$t = 100$ で $x = 10$ から $x = 24$ 程度までまで進むことになる.数値計算をしてみる.

```
In[32]:= result = NestList[pqAfter1Time, pInitial, 100]; // Timing
Out[32]= {0.105027, Null}
```

結果を表示させる.

8.3 Phase Field 法による枝分かれ構造形成の実装

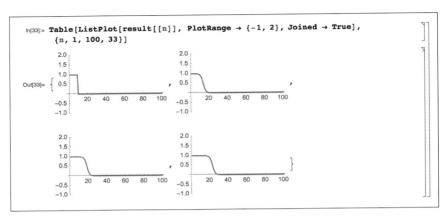

解析解も同じパラメータで可視化してみる．まずパラメータに具体的な値を指定する．

In[34]:= **sol2 = sol /. x → x - 10**

Out[34]= $\frac{1}{2}\left(1 - \text{Tanh}\left[\frac{-10 - 0.141421\,t + x}{2\sqrt{2}}\right]\right)$

この条件で解析解をプロットする．

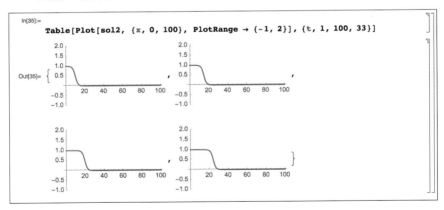

ほとんど同じ挙動になるのがわかると思う．

8.3.5 表面張力

1次元の場合はこれで良いが，2次元以上の場合，この Allen-Cahn 方程式には表面張力が働く．これは，界面の長さをできるだけ小さくするような働きで，界面の進行速度が局所の曲率（=1/曲率半径）に比例する（曲率半径とは，ある点での曲線の曲がり具合を，円で近似したときの半径に相当する）．円形の領域がAllen-Cahn 方程式でどのように縮んでいくのかを計算してみる．

まず，数値計算のパラメータを指定する．

```
In[36]:= domainSize = 1.; dx = 0.01; ϵ = 0.1; du = 0.00004;
    dt = 1;
    gridSize = Round[domainSize / dx];
    simulationLength = 1000;
```

次に，円形の初期状態を定義する．

```
In[38]:= uI = Table[If[(x - gridSize / 2) ^ 2 + (y - gridSize / 2) ^ 2 < (gridSize / 3) ^ 2,
    1, 0], {x, 1, gridSize}, {y, 1, gridSize}];
```

反応項を以下のように定義する．

```
In[39]:= f[u_] := u + dt (u (1 - u) (u - 1 / 2));
```

拡散項は陰解法で実装する．まずカーネルを定義する．

```
In[40]:= kernelU = Table[0, {gridSize}, {gridSize}];
    kernelU[[1, 1]] = 1 + 4 dt du / dx / dx; kernelU[[2, 1]] = -dt du / dx / dx;
    kernelU[[-1, 1]] = -dt du / dx / dx; kernelU[[1, -1]] = -dt du / dx / dx;
    kernelU[[1, 2]] = -dt du / dx / dx;
    ku = 1 / (Fourier[kernelU]) / gridSize;
```

実際の計算を行う関数を定義する．

```
In[43]:= oneStep[u_] := InverseFourier[ku Fourier[f[u]]] // Re
```

NestList[] を用いて数値計算を実行する．

```
In[44]:= result = NestList[oneStep, uI, 1000]; // Timing
Out[44]= {5.461265, Null}
```

数値計算の結果を表示する．

168   8.3 Phase Field 法による枝分かれ構造形成の実装

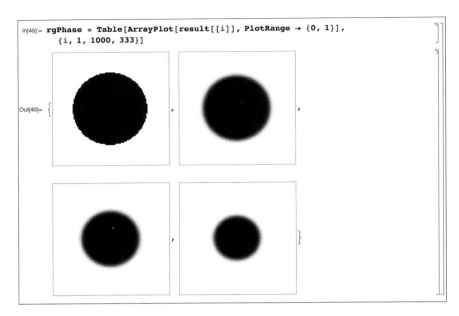

構造が表面張力によって縮んでいくのがわかる．どの程度のスピードで縮んでいるのか，面積と時刻でプロットしてみる．

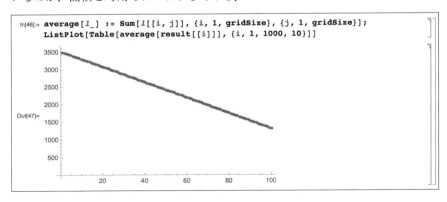

時刻と面積が比例しているのがわかる．この場合，局所曲率と進行速度はどのような関係にあるのだろうか？まず，r を t の関数として解いてみる．まず b, r の定義を解除する．

```
In[48]:= Clear[b, r]
```

次に，解析解を求める．

```
In[49]:= soln = DSolve[{D[Pi r[t]^2, t] == b }, r[t], t]
Out[49]= {{r[t] → -√(b t + 2 π C[1])/√π}, {r[t] → √(b t + 2 π C[1])/√π}}
```

r は正なので，二つ目の解の方が正しい．界面の進行速度は，$\frac{d}{dt}r(t)$ で表される．

```
In[50]:= D[r[t] /. soln[[2]], t]
Out[50]= b/(2 √π √(b t + 2 π C[1]))
```

曲面の曲率は，$1/r$ で表される．

```
In[51]:= 1/r[t] /. soln[[2]]
Out[51]= √π/√(b t + 2 π C[1])
```

従って，表面張力による界面の進行速度は，曲率と比例していることがわかる．この部分が表面張力となる．

これらのことから，Allen - Cahn 方程式

$$\frac{\partial u}{\partial t} = d_u \Delta u + u(1-u)(u - 1/2 + f(v)) \tag{8.5}$$

は，(8.1) を近似的に表していることがわかると思う．実際，解析的に適切な極限をとると，(8.6) は (8.1) に帰着できる (Sharp interface limit)．

表面張力項については，もう一つ，極座標系を使った説明の仕方がある．点対称な形状を表すとして，Allen-Cahn 方程式を極座標系で書き直すと以下のようになる．

$$\frac{\partial u}{\partial t} = d_u \left(\frac{\partial u^2}{\partial^2 r} + \frac{1}{r}\frac{\partial u}{\partial r} \right) + u(1-u)(u - 1/2 + f(v)) \tag{8.6}$$

極座標への変換によって，$\frac{d_u}{r}\frac{\partial u}{\partial r}$ という余分な項が付いてくることがわかる．この項は，r が大きい時は速さ $\frac{d_u}{r}$ の移流項とみなすことができる．従って，局所の曲率 $1/r$ に比例して速度が変わる表面張力項が出てくる．

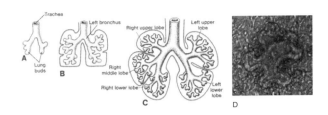

図 8.3 (A-C) ヒト肺の発生 [24]. (D) 培養系におけるマウス肺の枝分かれ形成.

8.4 枝分かれ構造形成のモデル

さて，このような界面方程式を，肺の枝分かれに適用してみる．脊椎動物の肺は，発生段階で食道の腹側から上皮の袋として形成される．さらに，この構造は周囲の間葉組織と相互作用しながら枝分かれ構造を形成する（図 8.3, [24]）．多くの遺伝子がこの現象に関わっている事が実験的に示されてきた．その中でも非常に重要であるといわれてきたのが FGF10 とよばれる拡散性のシグナル因子である [49, 50]．この遺伝子を欠損したマウスには肺がない [51]．また，この分子を局所的に投与すると，肺の上皮が FGF の供給源に向かって動いていく事もわかっている [49]．しかし，このような分子の相互作用によってどのようにかたちが形成されるのか，その原理はわかっていなかった．

まず，個々の上皮細胞は，周辺の間葉細胞での FGF10 の産生を抑制する，という実験データがある．また，遺伝子の発現の変化は 3-6 時間ですぐに現れるのに比べて，上皮の形態の変化は 24 時間以上経たないとわからないので，遺伝子の発現変化は上皮の形状変化に追随してその時刻時刻で決まってしまう，と仮定する．

これらのことから

1. 上皮組織は，FGF 濃度が高いところでは成長して前進し，FGF 濃度が低いところでは後退する
2. FGF は，上皮組織の近傍では産生が抑制される

という二つの条件で式を立てる．

2. に関しては，個々の上皮細胞が周辺の FGF 産生を抑制し，その総和が FGF の分布として現れる，という考え方をする．結果として，この効果は上皮組織の畳み込み積分という操作で表せる．また，「畳み込み積分は，フーリエ変換した後の周波数領域では各成分の積で表せる」という定理を使うと，計算が非常に速くなる．これは，前述の陰解法で拡散項を計算しているのとほとんど同じ操作になる．

支配方程式は，以下のようになる．

$$V = f(v) - \sigma\kappa \tag{8.7}$$

$$v = k \otimes u \tag{8.8}$$

実際には，上の界面方程式を Phase field で表現すると

$$\frac{\partial u}{\partial t} = u(1-u)(u-1/2+f(v)) + d_u \Delta u \tag{8.9}$$

$$v = k \otimes u \tag{8.10}$$

となる．u は上皮が存在するかどうかを表す変数，$\otimes$ は畳み込み積分を表す．

まず，数値計算のパラメータを指定する．

```
In[52]:= domainSize = 2.0; dx = 0.01; ε = 0.3; d = 0.001;
        dt = 0.5; gridNumber = Round[domainSize/dx];
        du = ε^2 d;
        dv = d;
```

次に，反応項を指定する．

```
In[55]:= f[u_, v_] := u + dt (u (1 - u) (u - 1/2 + (0.5 - v)));
```

u の初期分布を指定する．

```
In[56]:= uI =
        Table[If[(x - gridNumber/2)^2 + (y - gridNumber/2)^2 <
           200 + RandomInteger[10], 1, 0], {x, 1, gridNumber}, {y, 1, gridNumber}];
```

更に，個々の上皮細胞が周辺の FGF 産生に及ぼす影響のカーネル k を定義する．

8.4 枝分かれ構造形成のモデル

```
In[57]:= kernelSize = 200;
```

カーネルは，中心点 $(1/2, 1/2)$ から特定の距離以内にある点を 1，そうでない点を 0 とする．

```
In[58]:= kernelVIni = Table[If[
        (gridNumber - (x - 1/2))^2 + (gridNumber - (y - 1/2))^2 < kernelSize ||
        (gridNumber - (x - 1/2))^2 + (y - 1/2)^2 < kernelSize ||
        (x - 1/2)^2 + (gridNumber - (y - 1/2))^2 < kernelSize ||
        (x - 1/2)^2 + (y - 1/2)^2 < kernelSize
        , 1, 0]
       , {x, 0.5, gridNumber, 1}, {y, 0.5, gridNumber, 1}];
```

さらに，カーネルのすべての点の和が 1 になるように標準化する．

```
In[59]:= sumKernelV = Sum[kernelVIni[[i, j]], {i, 1, gridNumber}, {j, 1, gridNumber}];
       kernelV = kernelVIni / sumKernelV;
```

次に，u の拡散を表すカーネルを定義する．

```
In[61]:= kernelU = Table[0, {gridNumber}, {gridNumber}];
       kernelU[[1, 1]] = 1 + 4 dt du / dx / dx; kernelU[[2, 1]] = -dt du / dx / dx;
       kernelU[[-1, 1]] = -dt du / dx / dx; kernelU[[1, -1]] = -dt du / dx / dx;
       kernelU[[1, 2]] = -dt du / dx / dx;
```

どちらも数値計算を 1 ステップ行う際，フーリエ変換をかけてかけ算をして戻す，という操作をするため，その操作をしやすいような変数 ku, kv を定義する．

```
In[63]:= ku = 1 / (Fourier[kernelU]) / gridNumber;
       kv = Fourier[kernelV] * gridNumber;
```

実際の数値計算の関数は以下のように決定する．

```
In[65]:= oneStep[u_] := Module[{v},
         v = (InverseFourier[kv Fourier[u]] // Re);
         InverseFourier[ku Fourier[f[u, v]]] // Re
         ]
```

数値計算は `NestList[]` で行う．

```
In[66]:= result = NestList[oneStep, uI, 1000]; // Timing
Out[66]= {40.225605, Null}
```

結果は `rg` という変数に蓄えて表示させる．

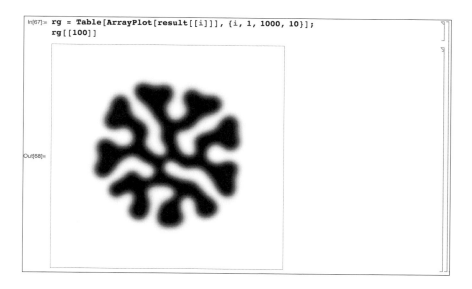

8.5 ルールベースの枝分かれ形成：L システム

上述のような，枝分かれの構造形成の原理を追うという立場とは別に，それぞれの枝が枝分かれするときにどのようなルールに沿って分かれていれば樹状構造が形成されるか，というような定式化の仕方がある．元々植物学者の Aristid Lindenmeyer が考案したので L システム (L-system) と呼ばれる [52]．日本では，兵庫大学の本多久夫が 1970 年代にこれとほとんど同じモデルを独立に考案し，様々な三次元の樹状構造を再現している [53]．

このモデルの大きな利点は，個々の構造がどの別の部分に接続しているかが自然に入っている事である．枝分かれ構造は，実際には肺では空気の流量を最適化したり，ガス交換の面積を最大化したりする効果がある．このような，樹状構造の機能的な面を考える場合，L システムを用いた定式化の方が便利な場合がある．

まず，座標 p から $p+v$ までを結ぶグラフィックオブジェクトを定義する．

```
In[69]:= l[{p_, v_, t_}] := Graphics[{Thickness[t], Line[{p, p + v}]}]
```

次に，2 次元空間での回転を表す行列を作る．

8.5 ルールベースの枝分かれ形成：L システム

```
In[70]:= rotation[v_, theta_] := (Cos[theta]  -Sin[theta])
                                 (Sin[theta]   Cos[theta]) . v
```

次に，最初の枝の太さと位置を定義する．

```
In[71]:= initialBranch = {{0, 0}, {0, 1}, .1};
```

次に，ある枝が次の枝を作る際にどのように枝分れするかを定義する．この場合，2 本の娘枝はそれぞれ 30 度の角度で回転し，オリジナルの長さの 80 %，太さが 2/3 になるとする．

```
In[72]:= f[{p_, v_, t_}] := {{p + v, 0.8 rotation[v, -Pi/6.], t/1.5},
         {p + v, 0.8 rotation[v, Pi/6.], t/1.5}}
```

この関数を最初の枝に適用してテストする．

```
In[73]:= Map[f, {initialBranch}]
Out[73]= {{{{0, 1}, {0.4, 0.69282}, 0.0666667}, {{0, 1}, {-0.4, 0.69282}, 0.0666667}}}
```

この関数を繰り返し使うと，非常に深いリストの入れ子構造ができてしまうので，Flatten[] 関数を使って構造を一層にする．

```
In[74]:= Flatten[%, 1]
Out[74]= {{{0, 1}, {0.4, 0.69282}, 0.0666667}, {{0, 1}, {-0.4, 0.69282}, 0.0666667}}
```

組み合わせて，枝を 1 回分岐させる関数を定義する．

```
In[75]:= Clear[oneStep]
         oneStep[l_] := Flatten[Map[f, l], 1]
```

繰り返し適用することによって樹状構造を作る．

```
In[77]:= branches = Flatten[NestList[oneStep, {initialBranch}, 7], 1];
```

可視化には Line[] 関数を使う．

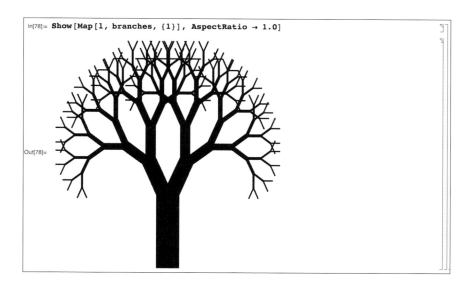

8.6 おわりに

　枝分かれ構造は，生物の体の様々な場所に見られる．肺の枝分かれに関しては，キーとなる分子が既に解明されているため，非常に簡単にモデルに載せることができた．また，ルールベースでもっと単純に樹状構造を表現できる事も示した．

　それぞれのやり方には独特の長所がある．表面張力が小さく，フラクタル構造が現れる場合は DLA で現象をきれいに記述できる．表面張力があって，特徴的な長さがあるような系の場合はフェーズフィールド法で書くやり方がわかりやすい．また，樹状構造の機能を問題にする場合は，個々の要素のつながりが既にモデルの中に入っている　L システムの方が扱いやすい．何を理解したいかによって，モデル化に用いるべき枠組みは変わる．

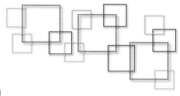

第9章
頭蓋骨縫合線の湾曲構造形成

9.1 頭蓋骨縫合線の発生

脊椎動物の頭蓋骨は，複数の骨がつながってできている．それらの骨の継ぎ目の組織の事を縫合線と呼ぶ [24]．なぜ「縫合」と呼ぶかというと，かなりの場合，曲がりくねった形をしているからだ．この組織は，出生児にはほぼ直線状で幅も広いが，年齢が進むに連れて湾曲していく [24]．

縫合線組織は何のためにあるのだろうか？まず出生時には，頭蓋骨を変形させて産道を通過させやすくする働きがある．出生後は，縫合線組織から骨を付け足していくことによって，脳を保護しながら頭蓋骨を大きくしていく働きがある．縫合線組織が発達中に何かの都合で閉じてしまい，二つの骨がくっついてしまった場合，頭蓋骨早期癒合症（craniosynostosis）という病態になる [54]．また，縫合線組織は，湾曲構造によって隣同士の骨を強固に結合していると考えられている．

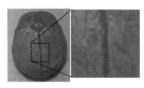
新生児

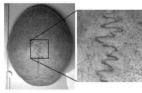
成人

図 9.1　新生児と大人の縫合線組織．

縫合線の湾曲は，一時期，生体内のフラクタル構造の良い例であると考えられてきた [55]．縫合線をトレースしてフラクタル次元を計測する仕事は多くなされたが，そのような構造がなぜ生じるのか，メカニズムを解明する仕事はなかった．我々は，2 変数の反応拡散系を用いてこのメカニズムを解明した [56]．

この章では，Phase field 法を用いて縫合線組織のダイナミクスを考える．元々の論文 [56] では，もう一つ骨の分化度という量を考えたが，ここでは前の章で扱った Phase Field 法を用いてみる．

9.2 現象の定式化

疾患がある関係で，縫合線組織の発達に関する因子は数多く知られていたが，それほど研究が進んでおらず，「この遺伝子が一番大事です」というような，キーになる遺伝子を絞ることができない状態だった．そこで，わかっている分子群を，形態と機能で分類すると，分子の局在と機能で 3 群に分類できた．まず，(A) 骨に局在して骨分化を促進する因子群と (B) 未分化組織に局在して骨分化を抑制する因子群 は，骨が一度できてしまえば，骨は骨，軟組織は軟組織で安定させる作用があることから「安定化因子」と呼び，中間的な状態を抑えるだけだしてしまう．最後の一群の遺伝子は，(C) 未分化組織に局在して骨分化を促進する因子で，この因子をまとめて v とする．

頭蓋骨の骨とそうでない部分の界面を考え，その法線方向の移動速度を V と置く．すると，支配方程式は，界面方程式と反応拡散方程式のカップルされたものになる．

$$V = f(v) - \sigma\kappa \tag{9.1}$$

$$v' = (1-u) - v + d_v \Delta v \tag{9.2}$$

$f(v)$ は，拡散性の因子が骨の成長にどのように働くかを記述する関数である．v が多いと分化が進み，従って骨の界面が前進するので，$f(v)$ は v に対する増加関

数である．ここでは，

$$f(v) = v - vc \tag{9.3}$$

とする．$v = vc$ のとき，界面が静止する．

$(1-u)$ は，v が未分化な間葉組織（$u = 0$ の領域）で産生されることを示す．$-v$ は v の自然分解，$d_v \Delta v$ は v の拡散を表す．

この系を Phase Field 法で数値計算する場合，以下の反応拡散系を解くことになる（第 8 章）．

$$\frac{\partial u}{\partial t} = u(1-u)(u - 1/2 + f(v)) + d_u \Delta u \tag{9.4}$$

$$\frac{\partial v}{\partial t} = d_v \Delta v + (1-u) - v \tag{9.5}$$

9.3 数値計算

さて，このような系の一次元のダイナミクスを数値計算でみてみよう．まず数値計算のパラメータを指定する．

```
In[1]:= domainSize = 50; bandSize = 4; dx = 1; du = 0.01; dv = 1;
    dt = 0.25 * dx * dx / dv;
    simulationLength = 5000;
```

系の初期状態を定義する．骨の部分とそうでない部分は $u = 1$ と $u = 0$ の領域で表される．

```
In[2]:= uInitial = Table[If[domainSize - bandSize < i < domainSize + bandSize, 0, 1],
        {i, 1, 2 domainSize}];
    vInitial =
      Table[If[domainSize - bandSize < i < domainSize + bandSize, 0.7, 0],
        {i, 1, 2 domainSize}];
```

反応項を定義する．

```
In[4]:= f[u_, v_] := u (1 - u) (u - 1/2 - (0.49 - v));
    g[u_, v_] := 1 - u - v;
```

拡散項を定義する．

9.3 数値計算

```
In[6]:= diffusion[l_] := RotateRight[l] + RotateLeft[l] - 2 l;
    diffusionU[l_] := du * diffusion[l] / (dx*dx);
    diffusionV[l_] := dv * diffusion[l] / (dx*dx);
```

1ステップ計算する関数を定義する.

```
In[9]:= uvAfterDt[{u_, v_}] :=
        {
        u + dt * (f[u, v] + diffusionU[u] ),
        v + dt * (g[u, v] + diffusionV[v])
        }
```

数値計算を行う.

```
In[10]:= result = NestList[uvAfterDt, {uInitial, vInitial},
        Round[simulationLength / dt]]; // Timing
Out[10]= {11.889512, Null}
```

uの結果を計算する.

```
In[11]:= rgU2 = Table[ListPlot[result[[i, 1]], PlotRange → {0, 1},
        Joined → True, PlotStyle → RGBColor[{1, 0, 0}]],
        {i, 1, Length[result], 10}];
```

vの結果を計算する.

```
In[12]:= rgV2 = Table[ListPlot[result[[i, 2]], PlotRange → {0, 1}, Joined → True],
        {i, 1, Length[result], 10}];
```

両方の結果を同時に表示する.

```
In[13]:= rgUV2 = Table[Show[rgU2[[i]], rgV2[[i]]],
        {i, 1, Length[rgV2], Round[Length[rgV2] / 2.]}]
```

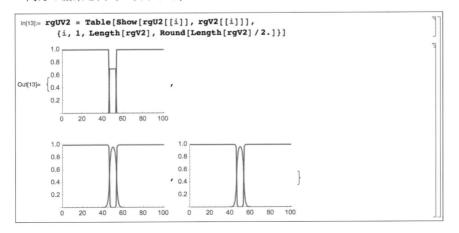

9.4 なぜ未分化な領域が保存されるか？ - 一次元の例

さて，この系で，「どうして未分化な縫合線組織がずっと維持されるのか」という問題を考える．系の定常状態を解析的に導いてみる．この場合，界面方程式の状態で考えた方がわかりやすい．

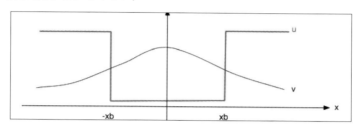

まず，定常状態で，縫合線組織の幅は x_b であるとする．すると，縫合線組織の内側は，以下のような支配方程式に従う．

$$0 = 1 - v + d_v \Delta v (-x_b < x < x_b) \tag{9.6}$$

また，解が左右対称なので，$x = 0$ での v の傾きは 0 のはずである．

$$\left(\frac{\partial v}{\partial x}\right)_{x=0} = 0 \tag{9.7}$$

これを解いてみる．まず変数の定義を解除する．

```
In[14]:= Clear[v, dv, xb]
```

次に，微分方程式を $Mathematica$ に解かせる．

```
In[15]:= DSolve[{0 == 1 - v[x] + dv v''[x], v'[0] == 0}, v[x], x]

Out[15]= {{v[x] → e^(-x/√dv) (e^(x/√dv) + C[1] + e^(2x/√dv) C[1])}}
```

C[1] は積分定数なので，ここでは仮に a と置く．

```
In[16]:= vinner[x_] := Evaluate[FullSimplify[v[x] /. %[[1]] /. C[1] → a]];
         vinner[x]

Out[17]= 1 + 2 a Cosh[x/√dv]
```

次に，縫合線組織の外側での v を解いてみる．

$$0 = -v + d_v \Delta v. \tag{9.8}$$

```
In[18]:= DSolve[{0 == -v[x] + dv v''[x]}, v[x], x]

Out[18]= {{v[x] → e^(x/√dv) C[1] + e^(-x/√dv) C[2]}}
```

ここで，$x \to \infty$ で $v = 0$ となるので，$C[1] = 0$ でなくてはならない．

```
In[19]:= vouter[x_] := Evaluate[v[x] /. %[[1]] /. C[1] → 0 /. C[2] → b];
        vouter[x]

Out[20]= b e^(-x/√dv)
```

これら二つの解は $x = x_b$ で滑らかにつながっていないといけないので，

$$v_{inner}[x_b] = v_{outer}[x_b] \tag{9.9}$$

$$\frac{\partial}{\partial x} v_{inner}[x_b] = \frac{\partial}{\partial x} v_{outer}[x_b] \tag{9.10}$$

となるように a, b を定める．

```
In[21]:= Clear[dv, xb];
        solution =
         Solve[{vouter[xb] == vinner[xb],
            D[vouter[xb], xb] == D[vinner[xb], xb]}, {a, b}][[1]] // FullSimplify

Out[22]= {a → -1/2 e^(-xb/√dv), b → Sinh[xb/√dv]}
```

この値をそれぞれの解に代入する．まず，境界の内側の解を求める．

```
In[23]:= vinner[xb] /. solution

Out[23]= 1 - e^(-xb/√dv) Cosh[xb/√dv]
```

この点での v の値は以下のようになる．

```
In[24]:= vb = FullSimplify[%]

Out[24]= 1/2 (1 - e^(-2xb/√dv))
```

次に，境界の外側の解を求める．

```
In[25]:= vouter[xb] /. solution
```
$$\text{Out[25]}= e^{-\frac{xb}{\sqrt{dv}}} \sinh\left[\frac{xb}{\sqrt{dv}}\right]$$

先ほど数値計算で用いた値で,この解を実際にプロットしてみる.

```
In[26]:= dv = 1; xb = 4;
```

0 から x_b までの解は下のようになる.

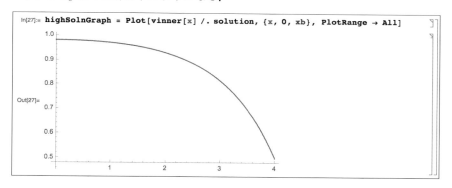

```
In[27]:= highSolnGraph = Plot[vinner[x] /. solution, {x, 0, xb}, PlotRange → All]
```

$x > x_b$ の解は下のようになる.

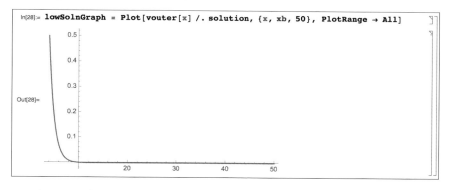

```
In[28]:= lowSolnGraph = Plot[vouter[x] /. solution, {x, xb, 50}, PlotRange → All]
```

双方をつなげて表示する.

```
In[29]:= Show[highSolnGraph, lowSolnGraph, PlotRange → {0, 1}]
```

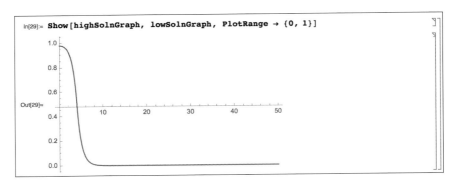

さてここで，v の分布を u の分布と同時に表示してみよう．

```
In[30]:= uDistribution[x_] := If[x < xb, 0, 1];
    uGraph = Plot[uDistribution[x], {x, 0, 50},
        PlotStyle → RGBColor[{1, 0, 0}]];
    Show[uGraph, highSolnGraph, lowSolnGraph, PlotRange → {0, 1}]
```

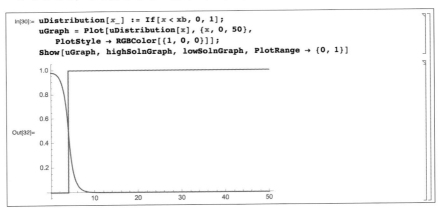

ここで，$x = x_b$ にある界面がどちらに動くかを考える．界面での v の値を算出しよう．まず変数の定義を解除する．

```
In[33]:= Clear[dv, xb]
```

界面の進行速度を $V = f(v) = v_c - v$ とする．（この場合，$u = 1 \to u = 0$ の界面が左に進むのを「前進」とする．）

```
In[34]:= f[v_] := vc - v;
    V[xb_] := Evaluate[f[vb]];
    V[xb]

Out[36]= (1/2)(-1 + e^(-2xb/√dv)) + vc
```

適当な d_v, v_c の値でこの進行速度と界面の位置の関係をプロットしてみる．

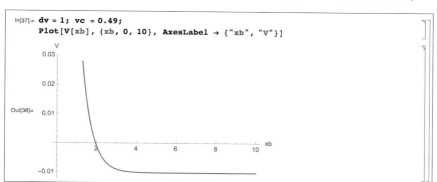

これを見ると，界面の位置が 2 よりも小さければ前進し，2 よりも大きければ後退するので，結果として x_b が一定に保たれる働きがあることがわかる．

この動きは，定性的には以下のように説明できる．骨同士の隙間が広がると，間にある未分化な組織が増えるので，そこでつくられる骨の形成の促進因子 v の量が増加する．その結果，骨が作られて，骨同士の隙間を狭めるように働く．逆に骨同士の隙間が狭くなると，間にある未分化な組織が減るので，骨の形成促進因子の濃度が下がって骨が吸収され，骨同士の隙間を広げるように働く．このような骨産生と骨吸収のバランスが取れることによって，縫合線の組織が一定幅で保たれている，と考えることができる．

9.5 二次元での数値計算

9.5.1 Phase field 法

さて，先ほどと全く同じモデルについて二次元で数値計算をすると，縫合線組織の湾曲が再現できてしまう！

186   9.5 二次元での数値計算

```
In[39]:= domainSize = 20; dx = 0.1; ϵ = 0.1; d = 1;
        dt = 1; gridSize = Round[domainSize/dx];
        du = ϵ^2 d; dv = d; simulationLength = 2000;

        uI = Table[If[(y - gridSize/2)^2 < (0.5/dx + Random[Real, {-1, 1}])^2,
           0, 1], {x, 1, gridSize}, {y, 1, gridSize}];
        vI = Table[0, {x, 1, gridSize}, {y, 1, gridSize}];;

        f[u_, v_] := u + dt (u (1 - u) (u - 1/2 - (0.41 - v)));
        g[u_, v_] := v + dt (1 - u - v);
```

u の初期分布をプロットする．

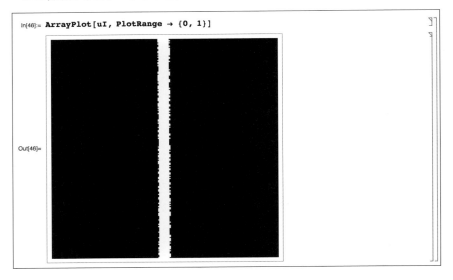

```
In[46]:= ArrayPlot[uI, PlotRange → {0, 1}]
```

v の初期分布も（一応）プロットする．

第9章 頭蓋骨縫合線の湾曲構造形成　187

```
In[47]:= ArrayPlot[vI, PlotRange → {0, 1}]

Out[47]=
```

実際の計算をする関数を定義する．

```
In[48]:= kernelU = Table[0, {gridSize}, {gridSize}];
       kernelU[[1, 1]] = 1 + 4 dt du / dx / dx; kernelU[[2, 1]] = -dt du / dx / dx;
       kernelU[[-1, 1]] = -dt du / dx / dx; kernelU[[1, -1]] = -dt du / dx / dx;
       kernelU[[1, 2]] = -dt du / dx / dx;
       kernelV = Table[0, {gridSize}, {gridSize}];
       kernelV[[1, 1]] = 1 + 4 dt dv / dx / dx; kernelV[[2, 1]] = -dt dv / dx / dx;
       kernelV[[-1, 1]] = -dt dv / dx / dx; kernelV[[1, -1]] = -dt dv / dx / dx;
       kernelV[[1, 2]] = -dt dv / dx / dx;
       ku = 1 / (Fourier[kernelU]) / gridSize;
       kv = 1 / (Fourier[kernelV]) / gridSize;
       oneStep[{u_, v_}] :=
        {InverseFourier[ku Fourier[f[u, v]]] // Re,
         InverseFourier[kv Fourier[g[u, v]]] // Re
        }
```

数値計算を行う．

```
In[55]:= result = NestList[oneStep, {uI, vI}, simulationLength]; // Timing
Out[55]= {106.166085, Null}
```

結果を表示する．

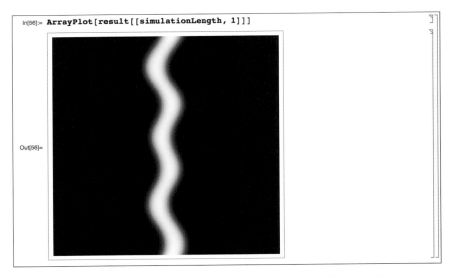

　このように，モデルに何も変更を加えていないのに，縫合線組織の湾曲が起こってくれる！定性的なメカニズムは以下のようになる．まず，骨の中でも少しだけ突出している部分は，周囲に骨形成促進因子 v を産生する組織が多いことになるので，骨形成が促進されて骨が付け足される．その反対側の部分は逆に凹んでいるはずなので，周囲に骨形成促進因子を産生する組織が少なく，骨吸収が起こって骨が減っていく．この二つの現象が同時に起こることによって，バンド状の組織がその幅を保ったまま湾曲していく．

　実際には曲率と進行方向の関係を解析的に算出する事は可能である [57]．しかし，軸対称な拡散方程式が出てきて，Bessel 関数という特殊な関数を扱わなければならないため，ここでは割愛する．

9.6　おわりに

　このような定式化によって，縫合線の幅が狭くなるのはどういう場合か，縫合線組織の湾曲が起きにくくなるのがどのような場合か，などを解析的に算出することができる．一見複雑に見える生命現象でも，うまく定式化するとその挙動が非常にクリアに見えてくる一例である．

第10章

座屈現象

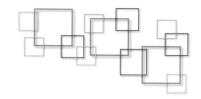

10.1 はじめに

　最近になって発生生物学の分野で力学が復権してきている（ここでいう力学は mechanics で，動力学 dynamics とは別）．本多久夫先生が作った vertex model [58] などの力学モデルが原子間力顕微鏡（AFM）やレーザー焼灼実験で実際に検証できるようになったことが大きい．また，ソフトマター系の力学の素養がある人が生物学の分野に徐々に参入してきたこともこの流れに寄与していると思われる．

　力学で自発的パターン形成というと代表例は座屈（buckling）である．適当なゴムの棒を押し縮めると，ある程度まではまっすぐ縮むが，ある限界を超えると湾曲を起こす．この領域が非常に長いと，特定の特徴長さを持った構造が出現する．このメカニズムは腸管のヒダ [59]，植物の葉 [60]，小脳皮質のヒダ形成 [61]，指紋 [62]，ショウジョウバエの気管の湾曲 [63] など，様々なパターン形成現象で存在すると言われている．

　この現象自体はオイラーの昔からきちんと解析ができている．しかし，工学系の本では静力学ばかりで，不安定性をきちんと解説した文献が自分が知る限り存在しなかった[*1]．そのためか，あまり理解されないまま使われている例が散見される[*2]．座屈現象の不安定性に関してできるだけ簡単に解説した文書も需要があ

[*1] 工学の分野では不安定性は敵なのであまり積極的に取り上げないのだろうか．
[*2] 筆者が経験した例だと，某先生の内輪の発表時に座屈現象および支配方程式が出てきた．

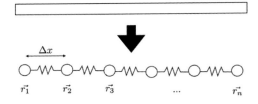

図 10.1　弾性体の離散化.

るかもしれないと思い，章として追加する．

10.2　座屈現象の数値計算 1

このような系をまず数値計算で書いてみよう．座屈現象は，

1. 素材が圧縮を緩和しようとして全体として素材を曲げようとする力
2. 素材が曲げに抵抗してまっすぐに戻ろうとする力

の二つが関係して起こる．この計算をするため，素材を n 個の微小領域に分けて，それぞれにかかる力を計算して徐々に動かしてみる．

まず，棒状の素材を考える．簡単に考えるため，x 方向の一次元の系として考える．素材を長さ Δx に分割して，n 個の要素に分ける．ここから，それぞれの要素にかかる力を考える．それぞれの要素の座標を $\vec{r_1}...\vec{r_n}$ として，これらの座標がどのように動くかを考える（図 10.1）．

10.2.1　初期条件

まず，数値計算のパラメータを定める．

自分で使えるようになってきた時期だったので，喜んで質問したら「すみません，わかりません」と言われて気まずい思いをした．理論部分を担当した物理屋さんがたまたまその場に居合わせなかったためだが...

第 10 章 座屈現象

```
In[1]:= Clear[ey, eb]
In[2]:= dx = 1; dt = 0.01; noiseAmplitude = dx / 10; domainSize = 50;
    n = Round[domainSize / dx];
```

境界条件を設定するための行列を先に作っておく．両端の点 2 つずつは固定されていて動かないとする．

```
In[3]:= boundaryList = Table[1, {n}];
    boundaryList[[1]] =
     boundaryList[[-1]] = boundaryList[[2]] = boundaryList[[-2]] = 0;
In[4]:= boundaryList
Out[4]= {0, 0, 1, 1, 1, 1, 1, 1, 1, 1, 1, 1, 1, 1, 1,
    1, 1, 1, 1, 1, 1, 1, 1, 1, 1, 1, 1, 1, 1, 1, 1, 1,
    1, 1, 1, 1, 1, 1, 1, 1, 1, 1, 1, 1, 1, 1, 1, 0, 0}
```

次に，各質点の座標を定める．本来の座標＋ゆらぎという形で定義するが，まず両端の点には揺らぎが生じないようにノイズ成分のみを作る．

```
In[5]:= noise =
    Table[{RandomReal[{-noiseAmplitude, noiseAmplitude}],
       RandomReal[{-noiseAmplitude, noiseAmplitude}]}, {n}]
      boundaryList;
```

つぎに，各質点の座標を，本来の座標＋ノイズという形で作る．

```
In[6]:= r0 = Table[{x, 0}, {x, dx, domainSize, dx}] + noise ;
In[7]:= ListPlot[r0, PlotRange → {-domainSize / 2, domainSize / 2}]
```

Out[7]= (プロット図)

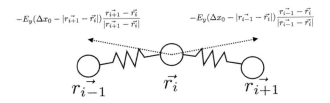

図 10.2 圧縮由来の力のかかり方.

各部分の自然長を Δx の 4 倍とする.

```
In[8]:= dx0 = 4 dx;
```

10.2.2 圧縮由来の力

次に,圧縮由来の質点の動きを考える.これは,E_y というバネ係数(ヤング率)にあたるパラメータを定義し,隣同士から押されるとする(図 10.2).

この E_y はバネ係数にあたる.バネ係数は,同じバネでも区切る距離が短ければ値が変わってくる.つまり,ここで扱うのは実際には $E_y(\Delta x)$ という関数になる.バネ係数は長さとどのように関係するだろうか?これは,元々のバネと,n 個に分割したバネが同じエネルギーを持っているはずであることから考えて,$E_y(\Delta x) = E_y(1)/\Delta x$ というように,Δx に反比例する量であることがわかる(図 10.3).

このことから,単位長さの素材のバネ係数を `ey1` とし,各要素にかかるバネ係数を `ey[]` とする.

```
In[9]:= ey1 = 1;
In[10]:= ey[dx_] := ey1 / dx;
```

各質点間にかかる力の算出に戻る.まず,各質点間の単位ベクトルを作る.

第 10 章 座屈現象　193

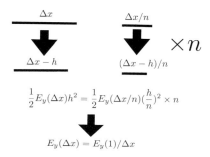

図 10.3　弾性率と単位長さ Δx の関係.

```
In[11]:= unitVectorLeft[l_] := Map[Normalize, RotateLeft[l] - l];
In[12]:= unitVectorRight[l_] := Map[Normalize, RotateRight[l] - l];
```

次に，各質点間の距離も産出する．

```
In[13]:= distanceLeft[l_] := Map[Norm, RotateLeft[l] - l];
In[14]:= distanceRight[l_] := Map[Norm, RotateRight[l] - l];
```

各質点にかかる力の大きさは E_y(自然長-距離) とするので，左側からは ey(dx0 - distanceLeft[l])，右側からは ey(dx0 - distanceRight[l]) となる．実際に力のかかるベクトルは，力の大きさ × 単位ベクトルとなるので，かかる力は以下のようになる．

-ey (dx0 - distanceLeft[l]) unitVectorLeft[l] - ey (dx0 - distanceLeft[l]) unitVectorLeft[l]

両端は動かさないことにしているので，境界条件をつけてまとめた関数を作る．

```
In[15]:= forceByCompression[l_] :=
         -ey[dx] boundaryList
           ((dx0 - distanceLeft[l]) unitVectorLeft[l] +
            (dx0 - distanceRight[l]) unitVectorRight[l])
```

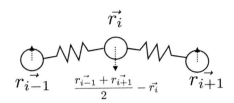

図 10.4 曲げ弾性由来の力のかかり方.

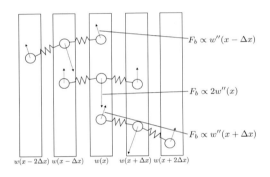

図 10.5 曲げ弾性由来の力のかかり方.

10.2.3 曲げ弾性由来の力

次に，湾曲を元に戻す，曲げ弾性係数 E_b 由来の関数を作る．これは，以下のように，三つの質点の中心が，曲げを元に戻そうとする力がまず働く（図 10.4）．

曲げ弾性由来の力はこれだけではない．曲げ弾性は三つの質点で定義されるので，座標 x の点とその両隣の点で定義される力以外に，両隣の点が元に戻ろうとする力がかかる（図 10.5）．

これも同様に，領域の長さ Δx によって E_y の大きさが変わってくるはずである．これもバネ係数と同様の考え方をして，$1/\Delta x^3$ に比例する量であることがわかる（図 10.6）．単位長さの素材のまげ弾性率を `eb1` とする．

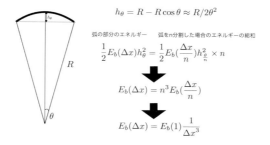

図 10.6 曲げ弾性率と単位長さ Δx の関係.

```
In[16]:= eb1 = 10;
In[17]:= eb[dx_] := eb1 / dx^3;
```

これを用いて，曲げ弾性由来の力を計算する．

```
In[18]:= bendingForceCenter[l_] :=
    eb[dx] ((RotateLeft[l] + RotateRight[l]) / 2 - l)
In[19]:= bendingForce[l_] :=
    (bendingForceCenter[l] -
        1 / 2 (RotateLeft[bendingForceCenter[l]] +
            RotateRight[bendingForceCenter[l]])) boundaryList
```

10.2.4 数値計算

これらの力を計算して数値計算を行う．空間スケールが小さいので，慣性は無視して力と速度が比例する形にする（粘性優位）．

10.2 座屈現象の数値計算 1

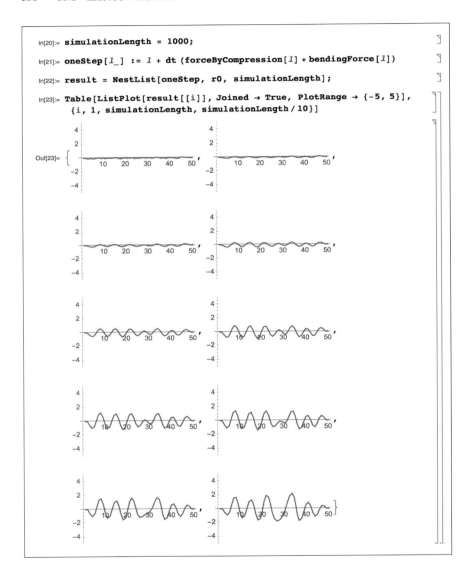

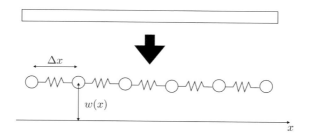

図 10.7 弾性体の離散化．各点の位置を座標ではなく，縦方向へのずれとして考える．

10.3 基礎方程式の導出：直接相互作用から

上述の系は複雑なので，Turing パターンの説明で使ったような簡単な一次元の式で表してみよう．この書き方では変形が進んだ場合は表現できないが，パターン形成の初期の状態はうまく近似的に表せる．

まず，棒状の素材を考える．簡単に考えるため，x 方向の一次元の系として考える．素材を長さ Δx に分割して，n 個の要素に分ける．ここから，それぞれの要素にかかる力を考える．それぞれの要素の y 座標の値を $w(x)$ として，これらの要素がどのように動くかを考える（図 10.7）．また今回は，これらの要素が微小な変化しか起こさず，線形の領域で変化するとして話を進める．この挙動を偏微分方程式の形で書くのが今回の目標である．

10.3.1 圧縮方向の弾性の作用

まず，それぞれの要素の間で，素材が圧縮を緩和するように働く．この効果はどのように考えたら良いだろうか？これは，領域の一部の質点を取って考えてみる（図 10.8）．

圧縮によってある点にどのような力がかかるか考えると，その点で素材が上に凸か下に凸かという局所の曲率と関係した量になる．具体的には，激しく曲がっ

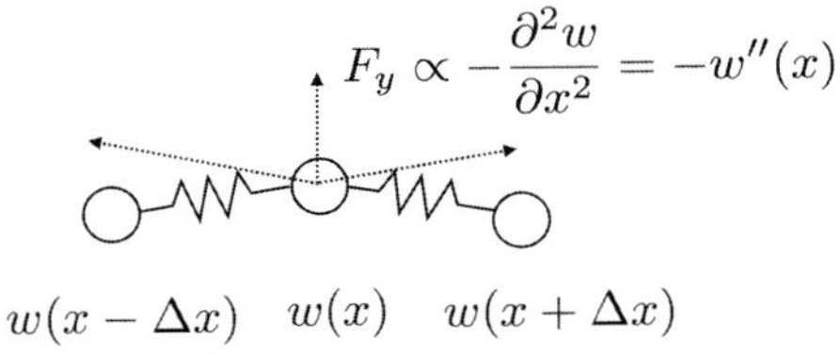

$$F_y \propto -\frac{\partial^2 w}{\partial x^2} = -w''(x)$$

$w(x-\Delta x) \quad w(x) \quad w(x+\Delta x)$

図 10.8 圧縮由来の力のかかり方．空間の二次微分に比例する．

ていればさらにその曲がり方を増強するように強い力が働く．このような局所曲率は関数の二次微分で表せるので，ある質点にかかる圧縮由来の力を F_y とすると

$$F_y \propto -\frac{\partial^2 w}{\partial x^2} = -w''(x) \tag{10.1}$$

となる．拡散現象の場合，同様に空間の二次微分と関係する量だったが，これとは符号が逆だったことに注意してほしい．つまり，組織が成長する，もしくは圧縮された材料が伸びることによって，ちょっとした形の歪みが増幅される方向に働く．

10.3.2 曲げ弾性の作用

次に，物質が曲げられて元に戻る，曲げ弾性由来の力の作用を考える．先程と同様にある 3 点間で曲げを戻そうとする力と，両端の点が戻ろうとする力を考える（図 10.5）．これらを全て足し合わせると，曲げ弾性由来の力は

$$w''(x+\Delta x) + w''(x-\Delta x) - 2w''(x) \propto w''''(x) \tag{10.2}$$

のように，空間の四次微分に比例する量になる．

上述のように，曲げ弾性率は素材の長さ Δx の 3 乗に比例し，バネ係数は Δx に比例するので，

$$\frac{\partial w}{\partial t} = -E_y \frac{\partial^2 w}{\partial x^2} - E_b \frac{\partial^4 w}{\partial x^4} \tag{10.3}$$

という形になる．

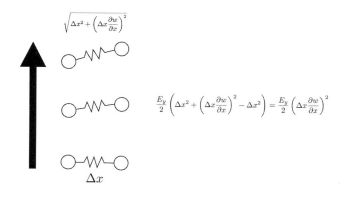

図 10.9 単位要素が持つ圧縮由来のエネルギー．

10.4 基礎方程式の導出：エネルギーを経由する場合

最近の生物学での座屈を扱ったモデルは，前の章のような既述ではなく，エネルギーを介した説明をしている場合がある [64]．このため，こちらも別に説明する．本質は同じなのだが，いくつかの説明のやり方を知っておくと理解が深まる．

10.4.1 圧縮由来のエネルギー

ここでは，質点にかかる力ではなく，ある領域のもつエネルギーを考えてみる．まず，ある領域が傾いている場合，どのくらいエネルギーを持っているかを考えると，バネが長さ Δx から $\Delta x\sqrt{1+w'(x)^2}$ だけ伸ばされた場合のエネルギーの差を考えれば良い．長さ x のバネの持つエネルギーは $1/2kx^2$ であることを考えると，この部分のエネルギーは $w'(x)^2$ と比例した量になる．この場合はもともと圧縮されているので，傾きが大きい方がエネルギーが小さい（図 10.9）．

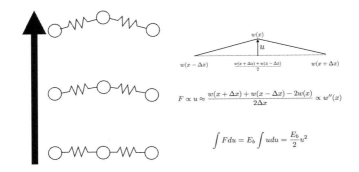

図 10.10　単位要素が持つ曲げ弾性由来のエネルギー．

10.4.2　曲げ弾性由来のエネルギー

曲げ弾性由来のエネルギーも同様に導出することができる．この場合，ある領域が曲がっている場合のエネルギーを算出するため，3 つの繋がっている部分を考える．このような場合，ある領域を曲げるのに必要な力はその部分の曲率 ($=w''(x)$) に比例するので，この部分のエネルギーは $1/2 E_b w''(x)^2$ と比例した量になる．

10.4.3　エネルギーから支配方程式の算出

上の 2 種類のエネルギーを加えて，最終的な素材内のエネルギーの総量は，上の量を領域全体で足し合わせたものになる．

$$E = \int -\frac{1}{2} E_y \left(\frac{\partial w}{\partial x}\right)^2 + \frac{1}{2} E_b \left(\frac{\partial^2 w}{\partial x^2}\right)^2 dx \tag{10.4}$$

このエネルギーを見ると，$w(x)$ という関数を与えるとスカラーを返す関数になっている．このような関数を引数に取る関数を **汎関数** と呼ぶ．また，この $w(x)$ という関数が，上のエネルギーを常にできるだけ早く減少させるように動くと仮定する．このような系を **勾配系** と呼ぶ（粘性優位で $w(x)$ が変化していることと対応する）．このエネルギーの定義から $w(x)$ のダイナミクスを導出する．変分法の

パッケージを使って *Mathematica* に解かせてみよう．

```
In[24]:= Clear[w]
In[25]:= Needs["VariationalMethods`"]
In[26]:= VariationalD[eb/2 w''[x]^2 - ey/2 w'[x]^2, w[x], x]
Out[26]= ey w''[x] + eb w^(4)[x]
```

このように，直接導出した場合と同じ関数が出てくる．

10.5 座屈現象の数値計算 2

線形化した支配方程式の数値計算は最初よりかなり簡単である．まず，初期状態を定義する．

```
In[27]:= w = Table[RandomReal[{-noiseAmplitude, noiseAmplitude}], {n}]
         boundaryList;
```

空間の二次微分の関数を定義する．四次微分はこの関数を 2 回適用する．

10.5 座屈現象の数値計算 2

```
In[28]:= dx2d2w[w_] := (RotateLeft[w] + RotateRight[w] - 2 w) / dx / dx
In[29]:= oneStep[w_] := w + dt (- dx2d2w[w] - dx2d2w[dx2d2w[w]])
In[30]:= result = NestList[oneStep, w, 1000];
In[36]:= rg = Table[ListPlot[result[[i]], Joined → True,
        PlotRange → {-1, 1}], {i, 1, 1000, 100}]
```

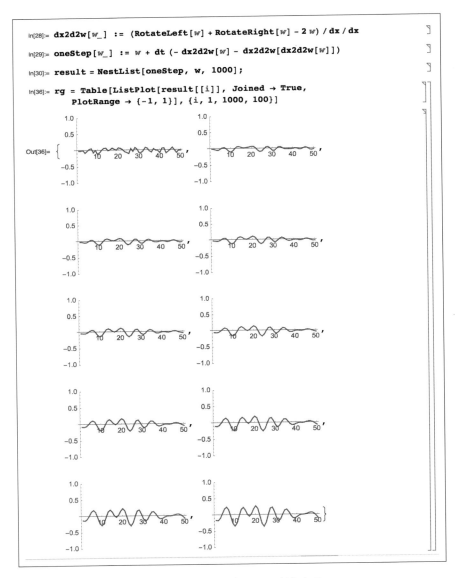

最初のフルモデルと同様のパターンが生じるのがわかる．

10.6 線形安定性解析

この系であれば，パターン形成の初期段階にどのくらいの波長の構造が形成されるか，Turing パターンと同様の線形安定性解析ができる．1 変数しかないので実は Turing パターンより簡単である．まず，素材の形状の時刻 0 での歪みを

$$w(x,0) = \sum a_k \sin(kx) \tag{10.5}$$

のようにフーリエ変換して，周波数成分の成長を個別に考えてやる．

$$\frac{\partial w}{\partial t} = -E_y \frac{\partial^2 w}{\partial x^2} - E_b \frac{\partial^4 w}{\partial x^4} \tag{10.6}$$

の周波数 k の解は

$$w(x,t) = a_k e^{\lambda(k)t} \sin kx \tag{10.7}$$

とおける．上の式に代入して

$$\lambda(k) = k^2 E_y - k^4 E_b \tag{10.8}$$

となる．これをプロットしてみる．

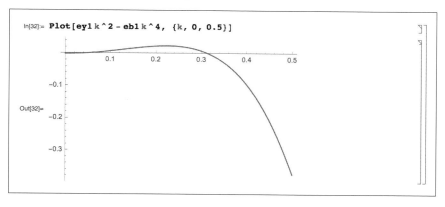

特定の周波数成分が成長することがわかる．この形は十分単純なので，極大となる値を計算してみる．

10.6 線形安定性解析

```
In[33]:= Clear[ey, eb]
In[34]:= Solve[D[ey k^2 - eb k^4, k] == 0, k]
Out[34]= {{k → 0}, {k → -√ey/(√2 √eb)}, {k → √ey/(√2 √eb)}}
```

正の値をとって考えると，波数 $\sqrt{\frac{E_y}{2E_b}}$ が最も早く成長することがわかる．これによって，どの程度の大きさの構造が出現するのかほぼ推定できる．したがって，バネ係数と曲げ弾性率がわかると，おおよそどの程度の長さの構造が生じるのか推定できる．

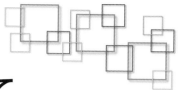

あとがきにかえて
― 粒子多体系

現象との対応の価値

　本書では，まず対象となる生物現象を記述して，その現象を説明するのに過不足のない必要最低限のモデルを提供する，というスタイルを取ってきた．モデルは，現象を記述してこそ価値がある．現象を良く観察して，本質を抽出し，定式化して数値計算と数理解析のセットでその挙動を理解する，というのがこの本の主題だった．この最終章だけはその原則を破って，現実との対応のないモデルを扱う．本来あとがきとして書いた章なので多少私的な文章が入るがご容赦いただきたい．

　これまで述べた方法論と全く逆方向に，美しいモデルに即した現実を探すことも割と良く行われる．昔の数理生物学者は，数理が中心で生物現象は説明のための例，というような場合がよくあった．それは批判を受けて，もっと実験屋さんのニーズに寄り添った形の研究者の方が現在は通りがいい．しかし，数理も現実の一種である．そちらの才能のある人は，現実がどうとか気にせずに，これまで誰も考えつかなかった論理構造を生み出してもらえば良いと思う．たとえば，Robert May のカオスのモデルは理論的に大きなインパクトがあったが，もともと生物学の個体群動態由来である．モデルが十分魅力的であれば，それを介して新しい現実が見えてくることもある．

Swarm oscillators

ここでは,京都大学の田中ダンの考案した,相互作用しつつ走化性で運動する粒子群のモデルを取り上げる [65]*3. このモデルは,相互作用しながら動き回る振動子系である. パラメータは少ないが,実に様々なパターンが出る. 縮約の度合いによっていろいろな基礎方程式があるが,ここでは一番単純な

$$\psi'_i(t) = \sum_{j \neq i} e^{-|R_{ji}|} \sin\left(\Psi_{ji} + \alpha |R_{ji}| - c_1\right) \tag{10.9}$$

$$r'_i(t) = c_3 \sum_{j \neq i} \hat{R}_{ji} e^{-|R_{ji}|} \sin\left(\Psi_{ji} + \alpha |R_{ji}| - c_2\right) \tag{10.10}$$

を用いる. ここで ψ_i は各粒子の位相,r_i は座標である. R_{ji} は,粒子 i と粒子 j の間の座標の差を表すベクトルである. Ψ_{ji} は,粒子 i と粒子 j の間の位相の差を表す. これらの支配方程式は

- 各粒子の位相は,近辺の粒子の位相から影響を受ける
- 各粒子は,周辺の粒子からの引力(もしくは斥力)によって移動する

という性質を表している. この影響関数は sin 関数の中に入っているため,同心円状の分布になっている.

この系の数値計算を実装してみよう. まず素子数とシステムサイズを決める.

```
In[1]:= n = 50; L = 25;
```

次に,パラメータを決める.

```
In[2]:= c1 = 1.5; c2 = 0.5; c3 = 2.0; α = 0.5;
```

数値計算用のパラメータは別に決める.

---

*3 もともとは,周期的に振動しつつ走化性因子を放出する粘菌のモデルを作ろうとしたらしい. 一番最初のバージョンは割と普通に人工生命系っぽい,とりあえず作りました,という感じのモデルだったのが,本質と思われる部分を残してどんどん削ぎ落していったら最終的に後述のような形になったらしい.

あとがきにかえて ― 粒子多体系　207

```
In[3]:= dt = 0.05;
```

次に，素子の初期状態を定める．

```
In[4]:= ψ = Table[Random[Real, 2 Pi], {n}];
     r = Table[{Random[Real, L], Random[Real, L]}, {n}];
```

支配方程式の関数を作る．$i = j$ の項は，dR の方は `Normalize[]` で 0 になるが，$dPsi$ の方はならないので最後に引いておく．

```
In[6]:= dPsi[psi_, r_, i_] :=
     Sum[Exp[-Norm[r[[j]] - r[[i]]]]
        Sin[psi[[j]] - psi[[i]] + α Norm[r[[j]] - r[[i]]] - c1], {j, 1, n}] - Sin[-c1];
   dR[psi_, r_, i_] :=
     c3 Sum[Normalize[r[[j]] - r[[i]]] Exp[-Norm[r[[j]] - r[[i]]]]
        Sin[psi[[j]] - psi[[i]] + α Norm[r[[j]] - r[[i]]] - c2], {j, 1, n}];
```

周期境界条件には `Mod[]` を使う．

```
In[8]:= oneStep[{ψ_, r_}] := {Mod[ψ + dt Table[dPsi[ψ, r, i], {i, 1, n}], 2 Pi],
     Mod[r + dt Table[dR[ψ, r, i], {i, 1, n}], L]}
```

実際の計算は `NestList[]` で行う．計算にかかった時間も記録できるようにしておく．

```
In[9]:= result = NestList[oneStep, {ψ, r}, 5000]; // Timing
Out[9]= {435.329159, Null}
```

可視化用の関数を作る．

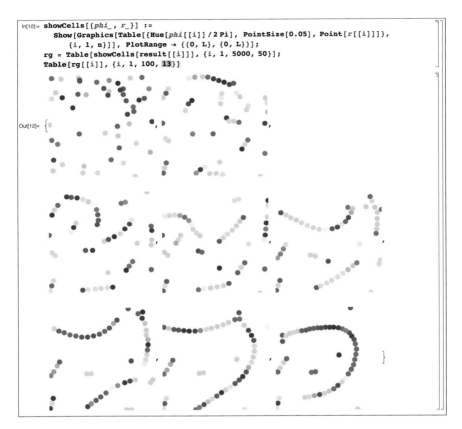

このように，これまであまり見た事の無い粒子の挙動が「粒子が周辺と相互作用しながら動く」というだけの単純な系から出て来る．興味のある方はパラメータをいろいろ振って試してもらいたい．

このモデルは，現象の記述としては明らかにおかしい．たとえば，走化性因子が細胞を中心にして同心円状に分布することはない．これは，明らかに粘菌を研究する人の発想ではない．サイエンスとしては間違っている．間違っているけれども，偶然出来上がってしまったものが，粘菌にとどまらない何か別のものを表す一般的なモデルになってしまったらしい．是非使ってみたいのだけれど，困ったことに，粘菌に限らず私の扱っている発生生物学一般でこんな変な挙動をする系は見たことがない．この系に対応する現実の系をそのうち見つけてくるから，い

つか一緒に何かやりましょう，と言っているうちに作者に不幸があって他界してしまい*4，御本人と共同研究する機会は失われてしまった．

大脳皮質のエレベーター運動

その後，新学術領域「動く細胞」の領域代表の名古屋大学の宮田卓樹から，大脳皮質のエレベーター運動という現象をモデル化してほしい，という依頼があった*5．これは，大脳の元となる神経上皮を作る細胞が細胞分裂をする際，頂端 (Apical)-基底 (Basal) 側に上下運動をする，というものだった．ああ，相互作用する振動子か，swarm oscillator と似てるな，と思ったらモデルのたたき台がすぐできてしまった．

細胞周期の位相 θ が，これは細胞の頂端－基底の相対位置に影響を与える，とする．各細胞は細胞周期に添って移動をするが，特定の層に細胞が集まりすぎないよう周囲の影響を受けながら運動するものとする．また，各細胞は頂端面で分裂し，細胞数が増加すると仮定する．

まず，細胞同士の相互作用は，特定の層に細胞が集まりすぎない，というルールの実装を考える．細胞核から近い場合は排除体積効果で動くとする．

素子数とシステムサイズを決める．

```
In[13]:= n = 50; L = 25;
```

時間区切りを決める．

```
In[14]:= dt = 0.1;
```

次に，素子の初期状態を定める．これは，{x 座標，y 座標，z 座標，細胞周期の位相} とする．

---

*4 草稿でこの経緯を詳しく書いたが，ここでは取り上げない．
*5 最初に説明された際，新学術の中間審査を通るために融合研究の例が必要なのです，とはっきり言われた．ただ手を動かしてみるとなかなか面白く，審査が終わった後も共同研究が続いている．物事は何が幸いするものかわからないと思った．

```
In[15]:= r = Table[{Random[Real, L], Random[Real, L], Random[Real, L]}, {n}];
        φ = 2 Pi Transpose[r][[3]] / L;
```

細胞を可視化する関数を作る．

```
In[17]:= showCells[r_] := Show[
            Graphics3D[
             Table[
              {Sphere[r[[i]], 1]
              }
              , {i, 1, n}]], PlotRange → {{0, L}, {0, L}, {0, L}}];
         showCells[r]
```

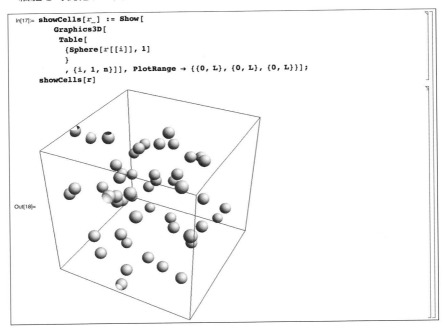

つぎに，排除体積効果を入れる．これは，各細胞がある程度以上近かったら押し出されるが，そうでない場合は何もしない，というルールを入れる．

```
In[19]:= u[r_] := If[Norm[r] < 3, -1, 0];
        oneStep[{r_, φ_}] := {
           r +
            dt (Table[Sum[u[r[[j]] - r[[i]]] Normalize[r[[j]] - r[[i]]], {j, 1, n}],
               {i, 1, n}] + Table[{0, 0, 0.2 (L (Cos[φ[[i]]] + 1) / 2 - r[[i, 3]])},
               {i, 1, n}]),
           φ + 0.02};
```

実際の数値計算を行う．

```
In[21]:= result = NestList[oneStep, {r, φ}, 100]; // Timing
Out[21]= {3.668116, Null}
```

結果を表示する．静止画で動きを表現するため，細胞の時系列の図を全て足し

合わせて表示させる．

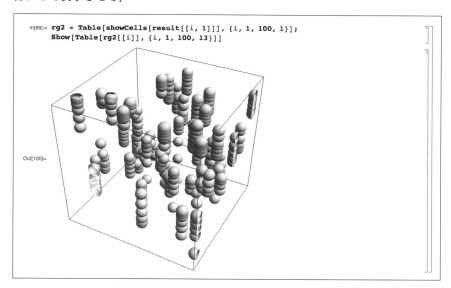

```
In[99]:= rg2 = Table[showCells[result[[i, 1]]], {i, 1, 100, 1}];
        Show[Table[rg2[[i]], {i, 1, 100, 13}]]
```

Out[100]=

　細胞の上下運動を再現する事が出来る．実際には，細胞は頂端面で分裂するし，上下に運動する速度は違うし，細胞密度はもっと多いし，と，現実とこのモデルでは大分差がある．また，このままでは位相が細胞間相互作用によって影響を受けない形になっているため，Swarm oscillator とも本質的に異なり，非自明な挙動が出てこない．（実際には，このモデルをたたき台にしてかなり進化した形になっているが，ここではとりあげない）．ただ私の中では，この一連の仕事は Swarm oscillator の化けたものである．現象と対応していなくても興味深い挙動をするモデルは，結局何らかの意味で後世に残って行くのではないか．

　現在，生物現象の数理モデル化は一種のプチバブルを呈していて，生物現象に寄り添った親切な研究が主流になりつつある．いまは理論側で仕事の蓄積があるのでよいのだが，結局既存のモデルが単に消費されていっているだけのようにも見える．パターン形成の数理の部分でも，どこかで飛躍的なアイデアが生じてくれないものかと思うのだが，これは確率の問題で，努力やらお金の量やらと関係なくごく稀にぽんと出てくるのを待つしか無いと思う．

参考文献
References

[1] B Alberts, A Johnson, J Lewis, and M Raff. *Molecular biology of the cell*. Garland Science, 2002.

[2] Scott F Gilbert. Developmental Biology. Sunderland, June 2010.

[3] Lewis Wolpert, Cheryll Tickle, and Thomas Jessell. Principles of Development, December 2010.

[4] J M Slack. The recent development of development in Britain. *The International Journal of Developmental Biology*, Vol. 44, No. 1, pp. 5–8, January 2000.

[5] Transnational college of rex. フーリエの冒険. ヒッポファミリークラブ, 1988.

[6] Katherine W Rogers and Alexander F Schier. Morphogen Gradients: From Generation to Interpretation. *Annual Review of Cell and Developmental Biology*, Vol. 27, No. 1, pp. 377–407, November 2011.

[7] Lewis Wolpert. Positional information and the spatial pattern of cellular differentiation. *Journal of Theoretical Biology*, Vol. 25, No. 1, pp. 1–47, 1969.

[8] A M Turing. The chemical basis of morphogenesis. *Philosophical Transactions of the Royal Society of London. Series B, Biological Sciences*, Vol. 237, No. 641, p. 37, 1952.

[9] Eric Dessaud, Andrew P McMahon, and James Briscoe. Pattern formation in the vertebrate neural tube: a sonic hedgehog morphogen-regulated transcriptional network. *Development (Cambridge, England)*, Vol. 135, No. 15, pp. 2489–2503, August 2008.

[10] Eric C Swindell, Christina Thaller, Shanthini Sockanathan, Martin Petkovich, Thomas M Jessell, and Gregor Eichele. Complementary Domains of Retinoic Acid Production and Degradation in the Early Chick Embryo. *Developmental Biology*, Vol. 216, No. 1, pp. 282–296, December 1999.

[11] C Chiang, Y Litingtung, E Lee, K E Young, J L Corden, H Westphal, and P A Beachy. Cyclopia and defective axial patterning in mice lacking Sonic hedgehog gene function. *Nature*, Vol. 383, No. 6599, pp. 407–413, October 1996.

[12] Avigdor Eldar, Dalia Rosin, Ben-Zion Shilo, and Naama Barkai. Self-Enhanced Ligand Degradation Underlies Robustness of Morphogen Gradients. *Developmental Cell*, Vol. 5, No. 4, pp. 635–646, October 2003.

[13] Takashi Miura. Turing and Wolpert Work Together During Limb Development. *Science signaling*, Vol. 6, No. 270, pp. pe14–pe14, April 2013.

[14] Hans G Othmer and E Pate. Scale-invariance in reaction-diffusion models of spatial pattern formation. *Proceedings of the National Academy of Sciences*, Vol. 77, No. 7, pp. 4180–4184, July 1980.

[15] S Ishihara and K Kaneko. Turing pattern with proportion preservation. *Journal of Theoretical Biology*, Vol. 238, No. 3, pp. 683–693, 2006.

[16] K Jacobson, E Wu, and G Poste. Measurement of the translational mobility of concanavalin A in glycerol-saline solutions and on the cell surface by fluorescence recovery after photobleaching. *Biochimica et biophysica acta*, Vol. 433, No. 1, pp. 215–222, April 1976.

[17] D Magde, E Elson, and W W Webb. Thermodynamic fluctuations in a reacting system—measurement by fluorescence correlation spectroscopy. *Physical Review Letters*, Vol. 29, No. 11, pp. 705–708, 1972.

[18] Thomas Gregor, Eric F Wieschaus, Alistair P McGregor, William Bialek, and David W Tank. Stability and Nuclear Dynamics of the Bicoid Morphogen Gradient. *Cell*, Vol. 130, No. 1, pp. 141–152, July 2007.

[19] E V Entchev, A Schwabedissen, and M Gonzalez-Gaitan. Gradient formation of the TGF-beta homolog Dpp. *Cell*, Vol. 103, No. 6, pp. 981–991, December 2000.

[20] Shuizi Rachel Yu, Markus Burkhardt, Matthias Nowak, Jonas Ries, Zdeněk Petrášek, Steffen Scholpp, Petra Schwille, and Michael Brand. Fgf8 morphogen gradient forms by a source-sink mechanism with freely diffusing molecules. *Nature*, Vol. 461, No. 7263, pp. 533–536, September 2009.

[21] P Muller, K W Rogers, B M Jordan, J S Lee, D Robson, S Ramanathan, and A F Schier. Differential Diffusivity of Nodal and Lefty Underlies a Reaction-Diffusion Patterning System. *Science (New York, NY)*, Vol. 336, No. 6082, pp. 721–724, May 2012.

[22] Yusuke Mii and Masanori Taira. Secreted Frizzled-related proteins enhance the diffusion of Wnt ligands and expand their signalling range. *Development (Cambridge, England)*, Vol. 136, No. 24, pp. 4083–4088, December 2009.

[23] M H Kaufman. *The atlas of mouse development*. Academic Press, London, 1992.

[24] T W Sadler. *Langman's Medical Embryology*. Lippincott Williams & Wilkins, Baltimore, 2006.

[25] Stuart A Newman and H L Frisch. Dynamics of skeletal pattern formation in developing chick limb. *Science (New York, NY)*, Vol. 205, No. 4407, pp. 662–668, August 1979.

[26] George F Oster and James D Murray. Pattern formation models and developmental constraints. *Journal of Experimental Zoology*, Vol. 251, No. 2, pp. 186–202, August 1989.

[27] A Gierer and H Meinhardt. A Theory of Biological Pattern Formation. *Kybernetik*, Vol. 12, pp. 30–39, September 1972.

[28] James D Murray. *Mathematical Biology II*. Spatial Models and Biomedical Applications. Springer Science & Business Media, May 2006.

[29] S Kondo and R Asal. A reaction-diffusion wave on the skin of the marine angelfish Pomacanthus. *Nature*, Vol. 376, No. 6543, pp. 765–768, August 1995.

[30] E Crampin. Pattern Formation in Reaction–Diffusion Models with Nonuniform Domain Growth. *Bulletin of mathematical biology*, Vol. 64, No. 4, pp. 747–769, July 2002.

[31] E J Crampin, E A Gaffney, and P K Maini. Mode-doubling and tripling in reaction-diffusion patterns on growing domains: a piecewise linear model. *Journal of mathematical biology*, Vol. 44, No. 2, pp. 107–128, February 2002.

[32] E J Crampin, E A Gaffney, and P K Maini. Reaction and diffusion on growing domains: scenarios for robust pattern formation. *Bulletin of mathematical biology*, Vol. 61, No. 6, pp. 1093–1120, November 1999.

[33] Takashi Miura, Kohei Shiota, Gillian Morriss-Kay, and P K Maini. Mixed-mode pattern in Doublefoot mutant mouse limb—Turing reaction–diffusion model on a growing domain during limb development. *Journal of Theoretical Biology*, Vol. 240, No. 4, pp. 562–573, June 2006.

[34] Takashi Miura and K Shiota. Extracellular matrix environment influences chondrogenic pattern formation in limb bud micromass culture: experimental verification of theoretical models. *The Anatomical Record Part A: Discoveries in Molecular, Cellular, and Evolutionary Biology*, Vol. 258, No. 1, pp. 100–107, January 2000.

[35] O K Wilby and D A Ede. A model generating the pattern of cartilage skeletal elements in the embryonic chick limb. *Journal of Theoretical Biology*, Vol. 52, No. 1, pp. 199–217, July 1975.

[36] Hans G Othmer. On the Newman-Frisch model of limb chondrogenesis. *Journal of Theoretical Biology*, Vol. 121, No. 4, pp. 505–508, 1986.

[37] J Raspopovic, L Marcon, L Russo, and J Sharpe. Digit patterning is controlled by a Bmp-Sox9-Wnt Turing network modulated by morphogen gradients. *Science (New York, NY)*, Vol. 345, No. 6196, pp. 566–570, July 2014.

[38] Rushikesh Sheth, Luciano Marcon, M Félix Bastida, Marisa Junco, Laura Quintana, Randall Dahn, Marie Kmita, James Sharpe, and Maria A Ros. Hox genes regulate digit patterning by controlling the wavelength of a Turing-type mechanism. *Science (New York, NY)*, Vol. 338, No. 6113, pp. 1476–1480, December 2012.

[39] D A Ede and A T Law. Computer simulation of vertebrate limb morphogenesis. *Nature*, Vol. 221, pp. 244–248, January 1969.

[40] B Boehm, H Westerberg, G Lesnicar-Pucko, S Raja, M Rautschka, J Cotterell, J Swoger, and J Sharpe. The role of spatially controlled cell proliferation in limb bud morphogenesis. *PLoS Biology*, Vol. 8, No. 7, p. e1000420, 2010.

[41] Yoshihiro Morishita and Yoh Iwasa. Growth Based Morphogenesis of Vertebrate Limb Bud. *Bulletin of mathematical biology*, Vol. 70, No. 7, pp. 1957–1978, July 2008.

[42] Peter Friedl and Darren Gilmour. Collective cell migration in morphogenesis, regeneration and cancer. *Nature Reviews Molecular Cell Biology*, Vol. 10, No. 7, pp. 445–457, July 2009.

[43] J A Sherratt, P Martin, J D Murray, and J Lewis. Mathematical models of wound healing in embryonic and adult epidermis. *Mathematical Medicine and Biology*, Vol. 9, No. 3, p. 177, 1992.

[44] Jamie Davies. *Branching Morphogenesis*. Molecular Biology Intelligence Unit. Springer Science & Business Media, Boston, MA, March 2007.

[45] W A Bentley and W J Humphreys. *Snow Crystals*. Courier Dover Publications, May 2013.

[46] Nakaya Ukichiro. 雪. 岩波書店, 1994.

[47] J A Kaandorp. Modelling growth forms of the sponge Haliclona oculata (Porifera, Demospongiae) using fractal techniques. *Marine Biology*, Vol. 110, No. 2, pp. 203–215, June 1991.

[48] Ryo Kobayashi. Modeling and numerical simulations of dendritic crystal growth. *Physica D: Nonlinear Phenomena*, Vol. 63, No. 3-4, pp. 410–423, March 1993.

[49] William Y Park, Barbara Miranda, Djamel Lebeche, Gakuji Hashimoto, and Wellington V Cardoso. FGF-10 Is a Chemotactic Factor for Distal Epithelial Buds during Lung Development. *Developmental Biology*, Vol. 201, No. 2, pp. 125–134, September 1998.

[50] S Bellusci, J Grindley, H Emoto, N Itoh, and B L Hogan. Fibroblast growth factor 10 (FGF10) and branching morphogenesis in the embryonic mouse lung. *Development (Cambridge, England)*, Vol. 124, No. 23, pp. 4867–4878, December 1997.

[51] H Min, D M Danilenko, S A Scully, B Bolon, B D Ring, J E Tarpley, M DeRose, and W S Simonet. Fgf-10 is required for both limb and lung development and exhibits striking functional similarity to Drosophila branchless. *Genes & Development*, Vol. 12, No. 20, p. 3156, 1998.

[52] P Prusinkiewicz, A Lindenmayer, and J Hanan. The algorithmic beauty of plants. *lavoisier.fr*, January 1990.

[53] Hisao Honda. Description of the form of trees by the parameters of the tree-like body: Effects of the branching angle and the branch length on the shape of the tree-like body. *Journal of Theoretical Biology*, Vol. 31, No. 2, pp. 331–338, 1971.

[54] David Johnson and Andrew O M Wilkie. Craniosynostosis. *European Journal of Human Genetics*, Vol. 19, No. 4, pp. 369–376, January 2011.

[55] C A Long. Intricate sutures as fractal curves. *Journal of morphology*, Vol. 185, No. 3, pp. 285–295, 1985.

[56] Takashi Miura, Chad A Perlyn, Masato Kinboshi, Naomichi Ogihara, Mikiko Kobayashi-Miura, Gillian M Morriss-Kay, and Kohei Shiota. Mechanism of skull suture maintenance and interdigitation. *Journal of Anatomy*, Vol. 215, No. 6, pp. 642–655, December 2009.

[57] T Ohta, M Mimura, and R Kobayashi. Higher-dimensional localized patterns in excitable media. *Physica D: Nonlinear Phenomena*, Vol. 34, No. 1-2, pp. 115–144, 1989.

[58] Hisao Honda. A dynamic cell model for the formation of epithelial tissues. *Philosophical Magazine B*, 2001.

[59] Amy E Shyer, Tuomas Tallinen, Nandan L Nerurkar, Zhiyan Wei, Eun Seok Gil, David L Kaplan, Clifford J Tabin, and L Mahadevan. Villification: How the Gut Gets Its Villi. *Science (New York, NY)*, Vol. 342, No. 6155, pp. 212–218, October 2013.

[60] Haiyi Liang and L Mahadevan. The shape of a long leaf. *Proceedings of the National Academy of Sciences of the United States of America*, Vol. 106, No. 52, pp. 22049–22054, December 2009.

[61] Jomichelle D Corrales, Sandra Blaess, Eamonn M Mahoney, and Alexandra L Joyner. The level of sonic hedgehog signaling regulates the complexity of cerebellar foliation. *Development (Cambridge, England)*, Vol. 133, No. 9, pp. 1811–1821, May 2006.

[62] M Kücken and A C Newell. A model for fingerprint formation. *EPL (Europhysics Letters)*, Vol. 68, No. 1, p. 141, 2004.

[63] Bo Dong, Edouard Hannezo, and Shigeo Hayashi. Balance between Apical Membrane Growth and Luminal Matrix Resistance Determines Epithelial Tubule Shape. *CellReports*, pp. 1–10, April 2014.

[64] E Hannezo, J Prost, and J F Joanny. Instabilities of Monolayered Epithelia: Shape and Structure of Villi and Crypts. *Physical Review Letters*, Vol. 107, No. 7, p. 078104, August 2011.

[65] Dan Tanaka. General Chemotactic Model of Oscillators. *Physical Review Letters*, Vol. 99, No. 13, p. 134103, September 2007.

索引 Index

[A-Z]

Append[], 40
Aristid Lindenmeyer, 173
BinCounts[], 86
Clear[], 14
CYP26, 48
D[], 15, 26
dorsal closure, 143
Drop[], 40
DSolve[], 52, 111
Dt[], 26
Eigenvalues[], 15
Exp[], 7
FGF10, 170
Fourier[], 18
global lateral inhibition, 105
Histogram[], 83
InverseFourier[], 18
James Sharpe, 142
ListConvolve[], 30
ListDensityPlot[], 14
ListPlot[], 12
ListPlot3D[], 41
local positive feedback, 105
Manipulate[], 14
Mod[], 85, 207
Module[], 44
Naama Barkai, 66
Nest[], 11
Nest[], 41
NestList[], 11
NestList[], 41, 44
Normalize[], 207
Prepend[], 40

RALDH2, 48
Random[], 101
RegionPlot3D[], 122
Robert May, 205
RotateLeft[], 9
RotateRight[], 9
SDDモデル, 50
Series[], 21
ShowShow[], 23
Solve[], 15
Stuart Newman, 141
Table[], 10
Timing[], 104

[ア]

activator, 93
AER, 92
アリストテレス, 1
Allen-Cahn方程式, 162
位置情報, 35
陰解法, 54, 56, 129
in situ hybridization, 75
inhibitor, 93
Wnt, 75
epiboly, 143
FCS, 77
FGF, 75
L-system, 173
Ernst Haeckel, 1
エレベーター運動, 209
オイラーの法則, 23

[カ]

カーネル, 29

外分泌腺, 157
界面方程式, 161
kymograph, 151
拡散係数, 76
拡散項, 97, 102
拡散律速凝集, 158
関数, 7
慣性, 155
肝臓, 157
逆行列, 18
逆フーリエ変換, 130
級数展開, 21
境界条件, 37
行列, 17
行列式, 115
曲率, 161, 167
虚数, 7
血管, 157
結晶成長, 157
原腸陥入, 143
固定境界条件, 40
固有値, 15, 18
固有ベクトル, 18

[サ]
細胞死, 91
細胞集団運動, 143
buckling, 190
珊瑚, 160
GFP, 76
肢芽, 91
指骨, 91
四肢, 91
自然対数, 7
実験発生学, 1
支配方程式, 37
尺骨, 91
周期境界条件, 39

Spemann, 1
上腕骨, 91
初期条件, 37
神経管, 35
進行波解, 144, 163
腎臓, 157
振動子系, 206
数値計算, 2
数値誤差, 54
数値不安定性, 55
数理解析, 2
頭蓋骨, 177
頭蓋骨早期癒合症, 177
スカラー, 114
スケール不変性, 48
Steven Wolfram, 5
Swarm oscillators, 206
絶縁破壊, 157
ZPA, 92
線形安定, 110
線形安定性解析, 105, 108
線形近似, 108
線形独立, 116
前立腺, 157
創傷治癒, 143
Sonic Hedgehog, 75, 92
Sonic hedgehog, 35
ソニックヘッジホッグ, 64
粗密波, 149

[タ]
唾液腺, 157
多指症, 92
畳み込み積分, 28
田中ダン, 206
単位行列, 17
単眼症, 72
チューリング空間, 120

Turing パターン, 93
テイラー展開, 21, 141
Dpp, 88
デコンボリューション, 33
デルタ関数, 34
橈骨, 91

[ナ]
中谷宇吉郎, 157
ナブラ, 99
軟骨, 91
乳腺, 157
粘菌, 206, 208
粘性, 155
粘性突起, 157
濃度勾配, 35
ノートブック, 6

[ハ]
肺, 157, 170
排除体積効果, 209
波数, 112
波長成分, 112
発生生物学, 1
反転対称性, 140
反応項, 95, 101
BMP, 75
引数, 7
bicoid, 88
表面張力, 161, 167
Fick の法則, 96
Fisher 方程式, 145
フィッシャー方程式, 147
フーリエ変換, 18, 112
Phase Field 法, 161
von Baer, 1
フラクタル構造, 178
FRAP, 77

プルキンエ細胞, 157
分散関係, 117
ベクトル, 17
変換規則, 52
変数, 7
偏微分, 26
縫合線, 177
骨, 91
本多久夫, 173

[マ]
摩擦力, 155
Mathematica, 5
Mangold, 1
宮田卓樹, 209
モデリング, 2
森下喜弘, 142
モルフォゲン, 35

[ヤ]
陽解法, 56

[ラ]
ラプラシアン, 99
ランダムウォーク, 158
リガンド, 75
領域成長, 123
レセプター, 75
レチノイン酸, 48

著者略歴

三浦　岳（みうら　たかし）

1971年　宮城県生まれ
九州大学大学院医学研究院 教授
京都大学大学院医学研究科博士課程卒業
専攻　発生生物学，数理生物学

発生の数理
2015年12月25日　初版第一刷発行

著　者　三　浦　　　岳
発行者　末　原　達　郎
発行所　京都大学学術出版会

京都市左京区吉田近衛町69番地
京都大学吉田南構内（〒606-8315）
電　話　075-761-6182
ＦＡＸ　075-761-6190
振　替　01000-8-64677
http://www.kyoto-up.or.jp/

印刷・製本　㈱クイックス

ISBN978-4-87698-887-7　　　　　　　　　　　ⓒ T. Miura 2015
Printed in Japan　　　　　　　　　　定価はカバーに表示してあります

本書のコピー，スキャン，デジタル化等の無断複製は著作権法上での例外を除き禁じられています．本書を代行業者等の第三者に依頼してスキャンやデジタル化することは，たとえ個人や家庭内での利用でも著作権法違反です．